دردشة

مع

جرّاح

للدكتور : خالد بن رضا مرشد

ISBN
978-1-4828-9609-1 (sc)
978-1-4828-9278-9 (e)

To order additional copies of this book, contact
Toll Free 800 101 2657 (Singapore)
Toll Free 1 800 81 7340 (Malaysia)
orders.singapore@partridgepublishing.com

www.partridgepublishing.com/singapore

04/06/2014

PARTRIDGE
A Penguin Random House Company

شكر و تقدير

بسم الله الذي لا يُبدأ بغير اسمه، ولا يُسبق في الحمد والشكر. فالحمد لله الذي بحمده تتم الصالحات والحمد لله على نعمائه، وأجلّها نعمة الإسلام. والشكر لله الذي بشكره تزيد النعم، فالشكر له على توفيقه وامتنانه. ثم الشكر لرسوله الكريم محمد صلّى الله عليه وسلّم، الذي هدانا الله به من الظلمات إلى النور فكان الطبيب الأعظم و المعلّم الأكبر و المرشد الأمثل. فدلّنا على سبل الخير و طرق العلم، تعلماً و تعليماً.

بعد ذلك أشكر والديّ اللذين ربياني و حرصا على تعليمي، كما حرصا على أن أكون في مجال أعلّم فيه غيري. كما أشكر كل من علمني حرفاً، فأدعو للمسلم منهم بأن يجزيهم الله عني خير الجزاء، و لغير المسلم بأن يهديهم الله إلى الإسلام و النعمة التي نحن فيها. فانتهى بي المطاف إلى أن أصبحت أستاذاً في الجراحة، أعلّم هذا العلم لطلبته، و أعالج بما تعلّمت المرضى الذين يراجعونني، فاستشعرت أهمية تثقيف المريض حتى تكون هذه الثقافة سلاحاً له للوقاية من المرض. فكان هذا العمل المتواضع الذي أرجو أن يكون لي به أجر عند رب العالمين.

قال تعالى (وَقُلِ اعْمَلُوا فَسَيَرَى اللَّهُ عَمَلَكُمْ وَرَسُولُهُ وَالْمُؤْمِنُونَ وَسَتُرَدُّونَ إِلَى عَالِمِ الْغَيْبِ وَالشَّهَادَةِ فَيُنَبِّئُكُم بِمَا كُنتُمْ تَعْمَلُونَ) سورة التوبة:١٠٥

و قال رسوله الكريم صلى الله عليه و سلّم (إذا مات ابن آدم انقطع عمله إلا من ثلاثة، صدقة جارية و علم ينتفع به وولد صالح يدعو له)

و من جميل الشعر في هذا المقام، قول الشاعر :

و ما من كاتب إلا سيفنى   و يُبقي الدهر ما كتبت يداه

فلا تكتب بكفك غير شيء   يسرّك في القيامة أن تراه

وإنني لأرجو أن يكون هذا العمل مما أفتخر أن يراه الله ورسوله والمؤمنون، ومن العمل الذي يُنتفع به، ومما يسرني في القيامة أن أراه.

اللهم علمنا ما ينفعنا، وانفعنا بما علمتنا، وزدنا علماً.

كتبه المؤلف

في محرم ١٤٢٤هـ

٢

المقدمة

بسم الله الرحمن الرحيم و به أستعين و عليه أتوكل و أصلي و أسلم على خير خلقه، خاتم النبيين و أفضل المعلمين نبيّنا محمد و على آله و صحبه أجمعين.

أمّا بعد، فإنني لا أريد التخويف من إجراء العمليات ولكن كذلك لا أريد أن يتساهل الناس فيها ، لأنه لا توجد عملية بدون أضرار جانبية محتملة ٠

- أهدف في هذا الكتاب إلى أن أشرح للمريض ما يحتاج الى معرفته، لأنه يمر علي الكثير من المرضى يشتكون من أنهم أجريت لهم عمليات ولم تشرح لهم أضرارها المحتملة قبل إجراء العملية بل وهناك من المرضى من أجريت لهم عملية ولا يدرون ما هى العملية أو ماذا استئصل منهم وما فعله الجرّاح بهم. وهؤلاء يشبهون الفئة التى تدخل عليّ ثم إذا أردت أن أشرح لهم مبادئ العملية أو بعض تفاصيلها أو مضاعفاتها يقولون " أنت الطبيب " أو " أنت الدكتور " أو العبارة التى تخيفني أكثر وهى " خذ اللحم وأبقي لنا العظم " ظناً منهم أن قولهم هذا يفرحني٠ وهو وإن كان يفرحني من ناحية أن هذا المريض يثق بي لهذه الدرجة، إلا أنه يغضبني من ناحية أن هذا المريض بدأ جاهلاً واستمر فى جهله بالإضافة الى أنه قد يسلم نفسه الى من هو ليس جديراً بالثقة٠
- ليس الغرض من هذا الكتاب الاستغناء عن الطبيب، فقديماً قالوا " من كان شيخه كتابه، كثر خطؤه و قلّ صوابه ". ولكن الغرض منه توضيح لكثير من الاستفسارات التي يسأل عنها الكثير من المرضى أو قد تخطر على بالهم فلا يجدون من يسألونه ٠
- و لا أدعي أن ما ذكر فى هذا الكتاب هو وحده الصحيح وغيره خطأ. ولكن هذا يمثل رأيي الطبي وخبرتي، وقد يختلف معي آخرون فى آرائي وقد حاولت أن أبيّن اختلاف الآراء قدر المستطاع دون أن أُشكل على السائل " المريض "٠
- ونظراً لما أرى من اهتمام بعض المرضى بالمصطلح الأجنبي للمرض، لعلمهم علماً كافياً باللغة الإنجليزية وقراءة بعضهم عن أمراضهم فى كتب الصحة العامة أو في مواقع على الشبكة البينية (INTERNET) بالإنجليزية، وأيضا لسفر البعض منهم وتلقى العلاج فى الخارج فى مرحلة من مراحل علاجهم فقد رأيت أنه لا ضير من ذكر المصطلح بالأحرف اللاتينية بجوار معناه باللغة العربية.

- استحسنت أن يكون الأسلوب على شكل حوار (أسئلة وأجوبة) بين شخصية وهمية، تمثل المريض، وجرّاح، لتوضيح مسائل تخطر على بال المريض أو قريبه، وحتى لا يكون الأسلوب مملاً و لا العلم المستفاد من هذا الحوار ثقيلاً ٠
- ورأيت أن تكون المواضيع مبوبة بعناوينها الكبيرة، وفهرستها على ذلك التقسيم٠ أما المواضيع والتقسيمات الدقيقة فيمكن الاستعانة بالأسئلة واستخدامها كعناوين رئيسية لذلك الغرض ولذا كتبت الأسئلة بالخط العريض حتى يتمكن القارئ الذى يبحث عن موضوع معين يهمه أن يجده بسهولة٠
- بالنسبة للمواضيع التى نوقشت، لا شك أن هناك بعض الاختلافات بين الجرّاحين فى آرائهم، ولكن حرصت أن أضمّن هذا الكتاب فقط ما هو متفق عليه أو شبه متفق عليه فى علم الجراحة، مع توضيح رأيي الشخصي إذا كان مختلفاً فى بعض المواضيع ٠
- وأيمانا مني بأن الصور تعبر عما لا يستطيع القلم التعبير عنه فى كثير من الأمور، فمن المعروف قول بعضهم " الصورة تغني عن الف كلمة "، فقد استعنت بالرسومات التوضيحية حتى يفهم القارئ المقصود ، ونظراً لأن الألوان تساعد على توضيح الأنسجة و تضاعف من الفائدة المرجوة من الصورة، فقد حرصت على أن تكون الرسومات ملونة ،وبقدر الإمكان أقرب ما تكون إلى اللون الحقيقي ٠
- ونظراً لحاجة المواطن العربي الى الثقافة الطبية وبلُغَتِه، ونظراً لأن الكثير من الأطباء لا يحاولون، أو لا يستطيعون، الجود على المريض بالوقت الذي يريده، أو حتى الذي يستحقه ليفهم مرضه، وكذلك نظراً لحاجة المريض إلى فهم مرضه ليفهم كيف ولماذا يعالج بأسلوب معين، ونظراً لعدم عثوري أو سماعي عن كتاب فى الجراحة يتناول هذه الأمور، فقد شعرت بأنه من الواجب عليّ القيام بهذا العمل٠
- حاولت تناول المواضيع المهمة والتى يكثر انتشارها حتى أتمكن من تلبية رغبة الغالبية من الناس فيكون العمل بذلك أكثر فائدة وأعم نفعاً٠ وحاولت التفصيل بالقدر الكافي ولكن بدرجة لا تصل الى درجة التخصص فى المرض. فلا شك أن هناك بعض الأسئلة التى قد تطرأ على ذهن القارئ لم أتطرق إليها، و قد يراها هو مهمة، فعليه أن يسأل عنها جرّاحه. ولكنني أعتقد أن غالبية ما يفكر فيه عامة الناس (سواءً كانوا مرضى أو أصحاء) موجود هنا. و هذا الاستنتاج توصلت إليه من تكرار هذه الأسئلة و مثيلاتها من المرضى الذين أقابلهم في العيادة أو على الأسرة البيضاء. وليس الغرض من هذا الكتاب فى صورته الحالية أن يكون كتاباً مقرراً لتدريس الأطباء أو طلبة الطب و لكن الغرض منه تثقيف العامة.

– وإيماناً مني بأن كل عمل بشري لا يخلو من النقص والعيب. وأن المؤلف في حاجة الى اقتراحات وملاحظات القرّاء، بل ولا يستغني عنها، إن كان يهدف إلى تطوير عمله، فإنني أُحرّج على كل من قرأ هذا الكتاب أو جزء منه ولديه ملاحظة أن يرسل بها إليّ. وقد خصصت العنوان البريدي الإلكتروني التالي لاستقبال تلك الملاحظات والتعليقات والاقتراحات :

dardashah@hotmail.com

مع الرجاء من المرسل أن يكتب في الفراغ المخصص لموضوع الرسالة " كتاب دردشة " وأرجو أن أتمكن من الرد على تلك الرسائل كلها.

كتبه المؤلف
في محرم ١٤٢٤هـ

الظفر النامي للداخل
Ingrown Toe Nail

س – أحياناً أشعر بألم مصحوب بتورم فى ركن الأصبع الأكبر فى القدم فهلا شرحت لي شيئاً عن ذلك؟

ج – هذا الإلتهاب معروف ويسمى Paronychia أي الإلتهاب المجاور للظفر وهو عادة يكون في الإصبع الأكبر في القدم كما ذكرت إلا أنه أحياناً يصيب الأصابع الأخرى فى القدم أو حتى أصابع اليد •

س – وما سببه؟

ج – أسباب هذا الإلتهاب مختلفة إلا أنها فى الغالب عندما تحدث فى اليد يكون سببها تقشير الجلد بمحاذاة الظفر أو قصه (أي قطعه) خطأً عند تقليم الأظافر •

س – هذا بالنسبة لليد • فما أسبابه فى القدم؟

ج – نفس الأسباب التى ذكرت قد تسبب المشكلة فى القدم إلا أنه بالنسبة للقدم فالسبب الأهم هو نمو الظفر للداخل أو ما يسمى بالظفر النامي للداخل •

س – بغض النظر عن سبب الإلتهاب، فما علاجه؟

ج – هناك نوعان أو مرحلتان في العلاج. المرحلة الأولى هي علاج الالتهاب أو الصديد وهذا الجزء لا يعتمد على السبب كثيرا. أما المرحلة الثانية فهي علاج السبب ولذا فهي مرتبطة بنوعية السبب ارتباطاً وثيقاً •

س – حسناً لنبدأ بعلاج الصديد أو الالتهاب •

ج – بالنسبة لعلاج الإلتهاب فيمكن علاجه فى مراحله الأولى بمحلول الملح المركز ، أما إذا كان الإلتهاب فى مراحلة المتطورة فقد يحتاج الى مضاد حيوي ولكن إذا تكوّن الصديد فمن الأفضل إخراج الصديد •

س – هل تعني عملية جراحية؟

ج – نعم • أعني عملية جراحية صغرى بالتخدير الموضعي لفتح وإخراج الصديد •

س – ما فائدة المحلول الملحي المركز أو المضاد الحيوي؟

ج – يقوم المحلول الملحي بتجفيف المنطقة المتورمة والمحتقنة كما يقوم بقتل ما فيها من بكتيريا حيث أنها لا تحتمل العيش فى المحاليل المركزة •

س – هل هذه قاعدة عامة بالنسبة للمحاليل المركزة أو المواد المركزة؟

ج – بصورة عامة نعم· ولذا فإن الملح وإن كان قديماً لا تراه يفسد وكذلك العسل تجده يبقى مدة طويلة دون أن يخرب·

س – وهل لذلك تفسير علمي؟

ج – نعم· تفسيره العلمي ما يسمي بالقانون الأسموزي Osmosis وملخصه أنه إذا وضعت مادتان متجاورتان بينهما عازل لا يسمح لغير الماء بالإنتقال بينهما، فإن الماء ينتقل من الأقل تركيزاً الى الكثر تركيزاً، فى محاولة منه لتساوي التركيزين·

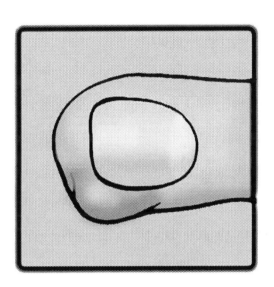

التهاب الاصبع عند
زاوية الظفر

س – وفى حالة العلاج بالمحلول المركز ، فإن المحلول هو بالطبع الأشد تركيزاً ولكن ما هو الأقل تركيزاً؟

ج – الجزء المتورم أو المحتقن هو الأقل تركيزاً، وكذلك البكتيريا إن وجدت· فالماء ينتقل من الجزء المتورم فيخفف التورم والاحتقان وكذلك الماء يخرج من خلية البكتيريا فتموت· وبذلك تكون هذه المحاليل، خصوصاً في المراحل الأولى من الالتهاب، من أنجح الطرق للتخلص من الاحتقان والتورم وكذلك عدم السماح للبكتيريا بالنمو·

س – وهل تعني أنه إذا أُستُعمل هذا المحلول عند بوادر ظهور الإلتهاب فإنه قد يغنى عن استعمال المضاد الحيوي؟

ج – هذا بالضبط الذي أعنيه.

س – ولكنك ذكرت المضاد الحيوي كجزء من العلاج فمتى يستخدم؟

ج – يستخدم المضاد الحيوي إذا استفحل الإلتهاب ولا يمكن السيطرة عليه بالمحلول

المركز وحده .

س – وكيف يُعرف ذلك؟

ج – يعرف المختص ذلك بعلامات معينة وهي بداية ظهور الصديد وتعدي المنطقة المحْمرّة المحتقنة المنطقة المباشرة المسببة للإلتهاب. أو ظهور إرتفاع فى درجة حرارة الجسم كلل وهذا طبعاً يُترك للمختص فلا ينبغي التساهل فى أخذ المضادات الحيوية .

س – و ما الضرر من استخدام المضاد الحيوي عند أول ظهور الإلتهاب؟

ج – كثير من الإلتهابات يمكن للجسم التغلب عليها إما بأجهزة المناعة عنده أو باستحداث الأجسام المضادة Antibodies أو باستخدام وسائل بسيطة مثل المحلول المركز الذي ذكرناه . فترك الجسم يقاوم بنفسه فى هذه الحالات البسيطة يفيد من ناحيتين .

الأولى أنه يُكسب الجسم المناعة التى يستعين بها بعد الله فى مقاومة إلتهاب أو إعتداء مماثل فى المستقبل . وهذا يشبه الرياضة بالنسبة للعضلات، فإذا قام الشخص بالعمل لنفسه ولقضاء حوائجه فإنه يتعب ولكنه ينمي عضلاته ويحرق الدهون الزائدة ولكن إذا اعتمد على غيره ولم يتحرك فإن عضلاته تترهل ويربي الشحم.

وأما من الناحية الثانية فإن التساهل فى استخدام المضاد الحيوي يؤدي الى قتل البكتيريا السهلة القتل فتبقى البكتيريا التى تملك نوعاً من المقاومة لهذا المضاد فتنمو وتتكاثر وتتغلب على البكتيريا سهلة القتل فى احتلال المنطقة . فإذا ما عاودك إلتهاب مماثل أو لم تستخدم المضاد فى جرعته ومدته المطلوبة فإن هذه البكتيريا الخطرة تستفحل ولا يؤثر فيها المضاد بعد ذلك فتحتاج الى مضاد آخر فى المرة التالية حيث لا ينفعك المضاد الأول وفى الغالب يكون المضاد الثاني من الفئة المصحوبة بأضرار جانبية أكثر .

س – ومتى يحتاج الأمر إلى مشرط الجرّاح؟

ج – إذا تكون الصديد وبكميات غير بسيطة فإنه قد حان استخدام المشرط.

س – ولماذا لا يكفي المضاد الحيوي فى هذه الحالات؟

ج – يحتاج المضاد الحيوي حتى يصل إلى المنطقة المطلوبة أن يكون الدم قادراً على الوصول الى تلك المنطقة فالدم بالنسبة للمضاد الحيوي ومضادات الجسم هو وسيلة النقل . والصديد عبارة عن تجمع لبكتيريا وخلايا ميته ولا يصلها الدم فهي معزولة من ناحية وصول الدم لها لغرض المقاومة ولكنها تشكل بؤرة تعفن وتجمع للبكتيريا يمكنها منه الإنتشار إما مباشرة للأغشية المجاورة أو عن طريق الأوعية الدموية المجاورة باقتحامها والإنتشار الى الدم مسببة التسمم الدموي Septicemia لذا فإن خير وسيلة فى

هذه الحالات هى التخلص من هذه البؤرة الفاسدة والتى لا يصلها مقاومة الجسم وذلك بفتحها جراحياً وإخراج الصديد.

س – إذا قرر الجرّاح عمل هذه العملية، أعني الفتح وإخراج الصديد فهل يحتاج المريض الى مضاد حيوي أم لا؟

ج – عملية الفتح وإخراج الصديد هى عبارة عن علاج لهذا التجمع الفاسد فى الجسم. أما قرار استخدام أو عدم استخدام المضاد الحيوي فيتخذ بناءً على الأنسجة المحيطة بالصديد فإن كانت طبيعية أو الإلتهاب فيها بسيط فيمكن للجسم التغلب عليها وأما إن كانت شديدة الإلتهاب أو كانت بسيطة الإلتهاب ولكن المريض كان يتناول المضاد عند تكوّن الصديد وفتحه فإنني أفضل أخذ المضاد أو الاستمرار فى أخذه حتى يخف الإلتهاب.

س – هذا بالنسبة لعلاج الإلتهاب والصديد واللذين هما أمرين ثانويين. ولكن كيف نعالج المشكلة الأساسية والتي هي السبب، أعني، الظفر النامي للداخل؟

ج – يفضل علاجه بعد السيطرة على الالتهاب إذا كان ذلك ممكناً.

س – وما سبب ذلك؟

ج – ذلك لأنك إذا قمت بعملية جراحية في منطقة متسخة فإنها تكون عرضة للالتهاب ولهذا السبب نفضل دائماً علاج الإلتهاب في المنطقة أولاً ثم علاج السبب إذا كنت في حاجة إلى المحافظة على الأنسجة المجاورة وإلا فإنه يمكنك استئصال السبب مع الإلتهاب على حساب الأنسجة المجاورة.

س – وكيف نعالج السبب؟

ج – يعالج السبب، وهو في هذه الحالة الظفر النامي، بالاستئصال.

س – وهل أحتاج إلى استئصال الظفر كاملاً؟

ج – هناك من الجراحين من يزيل الظفر كاملاً ومنهم من لا يلجأ إلى ذلك إلا في حالة تكرار الإلتهاب في جانبي الظفر وهناك من لا يزيل إلا ربع الظفر أو أقل قليلاً من ذلك من الجهة المسببة للالتهاب.

س – أتوقع أنك من الذين لا يزيلون إلا أقل من ربع الظفر. فهل توقعي صحيح؟

ج – أحسنت. لقد أصبحت تعرفني جيداً. فأنا لا أرى إلا إزالة ما تقتضيه الحاجة. وفى نظري إزالة ربع الظفر أو أقل قليلاً من ربع الظفر تؤدي الغرض المطلوب.

س – ولمَ أنت محافظ إلى هذه الدرجة؟

ج – أولاً لأنه يفي بالغرض، وثانياً لأنك كلما أزلت جزءاً أكبر من الظفر فان الباقي يكون صغيراً فيختلف عن الظفر النظير له ولا داعي لهذا التشويه إذا لم تكن له حاجة.

س – ولما هذه العناية كلها؟ ألا ينمو الظفر ثانية؟

ج - إذا قام الجراح بالعملية على الوجه الصحيح فلا ينبغي للظفر أن ينمو ثانية حيث أنه يزيله من جذوره وأصول نبته وإذا لم يفعل ذلك فإنه ينمو مجدداً ولكن يكون شكله مشوهاً ومختلفاً عن الظفر الطبيعي .

رسم يبين الجزء الذي يستأصله الجراح

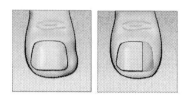

س - وإذا كنت لا أريد استئصال الظفر أو حتى جزءاً منه من جذوره فهل هناك حل آخر؟

ج - نعم . يمكنك تقليم الظفر بطريقة معينة تجنبه الانغراس في اللحم المجاور .

س - وكيف أقلّمه؟

ج - هناك طريقتان. الأولى يفضلها الكثير من الجراحين وهي أن تقص الظفر بحيث تكون أركانه على شكل زاوية قائمة وبارزة قليلاً عن مستوى اللحم فلا ينغرس في اللحم .

والطريقة الثانية وهى التي أفضلها شخصياً، وهى عكس ذلك تماماً وهى أن تقص هذه الأركان حتى تكون مستديرة فلا يستطيع الظفر أن ينغرس في اللحم .

س - هل تنصحني بأجراء العملية؟

ج - إذا نجحت هذه الطريقة في إيقاف تكرار التهاب الإصبع وانغراس الظفر فيه فلا داعي إذاً لاستئصال الظفر أما إذا تكرر الإلتهاب بالرغم من اتباع هذه الطرق في تقليم الظفر فعندها يُنصح باستئصال الظفر .

س - وهل عملية استئصال الظفر تحتاج إلى تخدير كامل وبقاء في المستشفى؟

ج - في الغالب لا . فهي تُجرى عادة تحت التخدير الموضعي، إلا أنها في بعض الحالات، بناءً على نوعية المريض، مثل بعض النساء والأطفال قد يحتاج الأمر إلى تخدير كامل ولكن أعيد القول أن هذه حالات استثنائية لا تكاد تذكر . وكذلك لا تحتاج إلى بقاء في المستشفى .

أمراض الحموضة والحرقان
Peptic Ulcer Disease

س – هناك مجموعه اضطرابات تصيب الجزء العلوي من البطن فما سببها؟

ج – نعم هناك أسباب متعلقة بالمرارة أو البنكرياس وجلها سببها الحصوات المرارية وسنتحدث عنها لاحقاً بإذن الله، أما المجموعة الأخرى من الأسباب فهي متعلقة بالمعدة والإثنى عشر وإفرازات المعدة.

س – لقد شوقتني فأرجو أن تواصل حديثك؟

ج – قبل الحديث عن اضطرابات المعدة يجب على المرء أن يُلم بالوظيفة الطبيعية للمعدة. وهذا يسهّل معرفة الاضطرابات.

س – وما هي وظيفة المعدة؟

ج – في الحقيقة، للمعدة عدة وظائف، أولها أنها وعاء يمكّن المرء من أكل كمية لا بأس بها في آنٍ واحد. فأغلب الناس يأكلون ثلاث وجبات في اليوم، والبعض يأكل وجبتين ومنهم من يأكل وجبة واحدة. وهذا بفضل الله ثم بفضل الطاقة الاستيعابية للمعدة.

س – هل تعنى بأنه إذا اضطر المريض إلى إزالة أو استئصال المعدة فإنه يحتاج إلى أكل ٦ – ٧ وجبات يومياً؟

ج – نعم. وهذا بالضبط هو ما ننصح ذلك المريض بفعله.

س – سبحان الله، إنها لنعمة. وما الوظيفة الثانية للمعدة؟

ج – الوظيفة الثانية هي إفراز الحمض.

س – وهل هناك عضو في الجسم يشارك المعدة في هذه الوظيفة؟

ج – لا. فهذه وظيفة تختص بها المعدة دون غيرها.

س – وكيف يتم تنظيم هذه الوظيفة؟

ج – الأصل أن تقوم المعدة بإفراز كمية من الحمض تتناسب مع كمية ونوعية الأكل الذي تحتويه،لا أقل ولا أكثر.

س – كأنك تشير إلى أن هناك ما يؤدي إلى اضطراب هذا الوزن الدقيق؟

ج – نعم. فهناك بعض الأمراض التي تؤدي إلى قلة إفراز الحمض، ولكنها قليلة وعادة تكون بدون عواقب وخيمة. ولكن هناك الكثير من الأسباب التي تؤدى إلى زيادة الإفراز.

س – مثل ماذا؟

ج – مثل الضغوط النفسية التي تسببها صعوبات الحياة،والكد وراء المعيشة، والتعامل مع الناس، والخوف من الامتحانات ونتائجها. ثم هناك بعض الأكلات والمشروبات التي تؤدي إلى زيادة إفراز الحمض.

س – مثل ماذا؟

ج – بالنسبة للأكل فهناك الدهون مثلاً وبالنسبة للمشروبات فأهمها المشروبات المحتوية على مادة الـ Caffeine المنبهة.، وكذلك الحليب.،

س – هل تعني أن الحليب يزيد من إفراز الحمض؟

ج – نعم، لسببين. أولاً لأنه يحتوي على الدهن والثاني لأنه قلوي والمواد القلوية تتسبب في إفراز الحمض.،

س – أظنك مخطئ هنا. فما أعلمه جيداً أن الذين يعانون من الحموضة وآلامها يكثرون من شرب الحليب لأنه يطفئ الحمض للسبب نفسه الذي ذكرت وهو أنه قلوي فيرتاحون بعد ذلك. فهل أنا مخطئ؟

ج – لا.، أنت لست مخطئاً ولا أنا.

س – وكيف يكون كلانا مصيب؟

ج – السبب هو أن الحليب لأنه قلوي يقوم بإطفاء الحمض في المعدة كما ذكرت، فيرتاح المريض ولكن لأنه قلوي أيضاً فإنه يقوم برفع معامل الحموضة pH في المعدة وهذا يخالف هدفاً من أهداف المعدة وهو المحافظة على معامل حموضة بين ٢ – ٤ وهو معامل حامضي. فتقوم بإفراز حمض إضافي حتى تعيد ذلك المعامل إلى هذه الحدود. فبذلك كما ترى فإن الحليب يؤدى إلى زيادة إفراز الحمض وإن كان المريض يشعر بتحسن مؤقت عند احتسائه.

س – وما هي المواد المحتوية على مادة الـ Caffeine التي ذكرت؟

ج – الشاي والقهوة والشوكولاته (الكاكاو) والكولا.

س – هل تعني كل المشروبات الغازية؟

ج – لا.، فقط المحتوية منها على مادة الكولا Cola.

س – وهل هناك غير ذلك مما يسبب زيادة إفراز الحمض؟

ج – نعم هناك المواد المهيّجة للمعدة مثل البهارات والتوابل وكذلك هناك الدخان.

س – يا له من عادة قبيحة؟

ج – صدقت.، وهذه الأضرار وإن كانت كافية وحدها لأن يترك المدخن الدخان بلا رجعة حيث أنها قد تنتهي به إلى تقرحات في المعدة بما يتبعها من نزيف ومشكلات لا يعلمها إلا الله إلا

أنها تُعتبر أبسط بكثير من مشكلاته الكبرى مثل تصلب الشرايين وأمراض القلب وسرطان الرئة والبلعوم.

س – وما هي مسببات الإفراز الطبيعي لحمض المعدة؟

ج – أولاً التفكير في الطعام ثم رؤيته ثم وجوده في المعدة.

س – صدقت. فبمجرد التفكير في الغذاء أو رؤيته فإنني أشعر بالمعدة تتحرك. وفى المقابل ما هي الأسباب الطبيعية لتوقف إفراز الحمض؟

ج – نزول معامل الحموضة إلى ٢ أو أقل في المعدة وكذلك وصول الطعام إلى الأمعاء الدقيقة كلا هذين العاملين يؤدي إلى توقف إفراز الحمض.

س – وهل هناك وظيفة أخرى للمعدة؟

ج – نعم. وظيفة خلط الطعام وهضمه.

س – وهل هاتين وظيفة واحدة أو وظيفتان؟

ج – هما في الحقيقة وظيفتان وهما متلازمتان ومرتبطتان مع وظيفة إفراز الحمض والأنزيمات الهاضمة.

س – تمهل قليلاً. كأنني أسمعك تقول بأن المعدة تفرز أنزيمات هاضمة فهل هذا صحيح.

ج – نعم. تقوم المعدة بالإضافة إلى إفراز الحمض، بإفراز أنزيمات هاضمة أهمها الـ Pepsin والذى يلعب الدور الأهم في هضم المواد البروتينية.

س – حسناً لنعد إلى قولك أن خلط الطعام وهضمه وظيفتان ولكنهما متلازمتان فكيف؟

ج – هذا صحيح فخلط الطعام تتم في المعدة وتعتمد على تقلصات متكررة في جدار المعدة من أعلاها من جهة المريء إلى أسفلها من جهة الإثنى عشر، مع الحفاظ على بوابة الإثنى مغلقة. وهذه الوظيفة في حد ذاتها مهمة، وخاصة في بداية الجهاز الهضمي وذلك لأن المرء يقوم بمضغ الطعام ثم بلعه، إلا أن هذا التكسير لكتل الطعام لا يكفي للاستفادة من كل جزئيات الطعام لا سيما إذا كان من الذين يبتلعون الطعام في كتل كبيرة نسبياً.

س – ولماذا لا يكفي؟

ج – لأن الأنزيمات الهاضمة والحمض لا يعمل إلا على سطح هذه الكتل الموجودة في المعدة. فيجب أن تكون هذه الكتل صغيرة حتى تحيط بها وبشكل صحيح المواد الهاضمة. فتحتاج عملية الهضم إلى تكسير إضافي وذلك بالحركة المتكررة للمعدة وبخلط هذا المزيج مع المواد الهاضمة.

س – ولكن هل يمكن للمعدة الخلط الجيد حتى لو لم تكن ممتلئة؟

ج – بل هذا أفضل بالنسبة لها، وحتى يسهل عليك فهم ذلك أريدك أن تتخيّل المعدة ككيس

وضعت فيه كمية من الطعام. هل يمكنك خلط هذا الطعام بتحريك الكيس إذا كان ممتلئاً؟ بالطبع لا. فيجب أن يكون في الكيس مجال (فراغ) يمكن للمحتويات أن تتحرك فيه إذا خُلطت ولذا أوصانا الرسول (صلى الله عليه وسلم) بعدم ملء المعدة عندما قال " حسب ابن آدم لقيمات يقمن صلبه. فإن كان لا بد فاعلاً ،فثلث لطعامه وثلث لشرابه وثلث لنفسه".

س - **ولكن كيف ينتقل الطعام إلى الإثنى عشر إذا كانت بوابته كما ذكرت مغلقة؟**

ج - صحيح أنها مغلقة كما ذكرت إلا أنها تنفتح قليلاً بين الحين والأخر كلما كان جزء من الطعام في المعدة جاهزاً للمرور عبره إلى الإثنى عشر. أي أن هذا الجزء يكون قد تم طحنه وخلطه بالمواد الهاضمة في المعدة ويتكرر ذلك حتى تتخلص المعدة من كل محتوياتها.

س - **ولماذا لم تذكر ضمن ما ذكرت، أن للمعدة وظيفة امتصاص الطعام مثل الأمعاء الدقيقة؟**

ج - صحيح أن للمعدة وظيفة امتصاص الطعام إلا أنها بسيطة جداً وتكاد لا تذكر وليست من مهامها الكبيرة ويمكن الاستغناء عن المعدة في هذه الوظيفة.

س - **وهل بقي من وظائف المعدة شيئاً لم تذكره؟**

ج - نعم فهناك وظيفة قتل البكتيريا.

س - **وكيف؟**

ج - كما تعلم، لا يخلو طعام نأكله من وجود بكتيريا وكذلك الأواني وحتى أيدينا.

س - **ولكننا نغسل أيدينا والأواني والطعام ،إضافة إلى أننا نطهو طعامنا. ألا يكفي ذلك؟**

ج - هذا يساعد كثيراً ولكن بالرغم من هذا كله فلا يخلو ما يصل إلى جوفنا من وجود بكتيريا، قلّت أو كثرت. ويقوم الحمض في المعدة بقتل هذه الميكروبات والتخلص منها.

س - **وهل هناك وظائف أخرى للمعدة؟**

ج - هناك وظيفة مهمة وإن كانت المعدة لا تختص بها.

س - **وما هي؟**

ج - يقوم أي جزء من الجسم بإصلاح نفسه، أعني أنه إذا أصيب بجروح،فإنه يقوم بتكوين خلايا جديدة مكان القديمة أو الميتة. وكذلك يقوم بسد الجروح التي تحدث فيه لا محالة نظراً لقيامه بعمله. وهذا مهم بشكل أكبر في عضو مثل المعدة التي تقوم باستقبال الأكل من الخارج وبه ربما أجزاء من عظم أو زجاج أو شوكة سمك وخلافه.

س - **لقد خطر على بالي سؤال مهم أرجو أن تجيب عليه؟**

ج - وما هو؟

س - **أليس جدار المعدة مكون من البروتين؟**

ج – بلى .

س – أليس الحمض في المعدة والـ Pepsin يقومان بالدرجة الأولى بهضم البروتينيات؟

ج – بلى .

س – إذاً لماذا لا تهضم المعدة نفسها؟

ج – هذا سؤال جيد ويدل على انتباهك لما أقول . وهو صحيح لولا خاصية معينة للمعدة تحميها من ذلك .

س – وما هي هذه الخاصية التي تحمي المعدة من أكل نفسها؟

ج – تقوم المعدة بإفراز طبقة حامية أو قل طبقة عازلة تبطن الغلاف الداخلي للمعدة، أي أنها تكون فاصلاً بين الأكل الموجود في المعدة وخلايا المعدة . وتسمح هذه الطبقة لإفرازات المعدة بالوصول إلى الأكل ولكنها لا تصل إلى الخلايا نفسها وبذلك تقوم بوظيفتها دون أن تتعرض للهضم .

س – وإذا لم تعمل هذه الطبقة عملها أو لم تتكوّن بشكل صحيح فهل يؤدي ذلك إلى مشاكل وأمراض؟

ج – نعم بلا شك لو لم تتكوّن هذه الطبقة فستتكون التهابات المعدة والتقرحات .

س – وهل هناك ما يؤدي إلى تعطيل وظيفة تكوّن هذه الطبقة؟

ج – نعم . فالدخان والكحول والكورتيزون Cortisone وكذلك، وربما الأهم في بلادنا، مسكنات الألم من عائلة الأسبرين والتي يحتاج أليها المرضى الذين يعانون من آلام المفاصل المزمنة .

س – وما هي أنواع الالتهابات التي تصيب المعدة نتيجة زيادة الحمض؟

ج – هي تتدرج من الحرقان في المعدة أو أسفل المريء إلى الآلام في أسفل المريء أو المعدة أو الإثنى عشر إذا زاد هذا الالتهاب إلى تقرحات سطحية Erosions ثم تزيد إلى الآلام الشديدة في حالة تكوّن القرحة المعدية أو الإثنى عشرية وإذا استفحل الأمر وترك من غير علاج فقد يتطور إلى قرحة نازفة أو قرحة منفجرة أو متليفة تؤدى إلى انسداد الفتحة بين المعدة والإثنى عشر Pylorus فتؤدي إلى التقيؤ المتكرر .

س – وهل تؤدي إلى سرطان؟

ج – عادة القرحة المتسببة من زيادة الحموضة لا تؤدى إلى سرطان في المعدة أو الإثنى عشر ولكنها قد تسبب، أعني زيادة الحموضة، قد تسبب استرجاعاً للحمض إلى المريء وهذا بدوره قد يسبب قرحة أو تغيرات في خلايا أسفل المريء تتحول بعد ذلك إلى سرطان .

س – وهل مشكلة زيادة الحمض منتشرة؟

ج – الكثيرون يعانون منها وكثير منهم يعانون فقط في أوقات حرجة لظروف معينة مثل

مشاكل عائلية أو امتحانات بالنسبة للطلبة أو ظروف صعبة لمرؤوس من رئيسه أو صفقة أو خسارة كبيرة بالنسبة لتاجر فهؤلاء مشاكلهم مؤقتة وعادة تزول بزوال المسبب.

س – والقسم الآخر؟

ج – القسم الآخر هم الذين يعانون من زيادة إفراز الحمض، أي أن رد فعلهم أكبر من الحاجة. فمثلاً إذا أكلوا أفرزا حمضاً أكثر من حاجتهم وإذا تعرضوا لظروف صعبة يفرز الحمض أكثر من الحاجة وبشكل غير معقول، بل وحتى عند النوم حين يكون إفراز الحمض أقل ما يمكن، يكون عندهم أكثر من الطبيعي.

س – وكيف نعالج هؤلاء؟

ج – أولاً نبحث عن السبب، فإن كان من الممكن أزالته يُزال.

س – ماذا تقصد؟

ج – أقصد أنه إذا كان السبب عدم تحمله لضغوط العمل ويمكنه تغيير عمله فليفعل ذلك. وإن كان بسبب مواد مفرزة للحمض مثل الكحول أو الدخان فينصح بتركها. وإن كان يكثر من المواد المحتوية على ألـ Caffeine فينصح بالامتناع عنها أو على أقل تقدير التقليل منها. وإن كان بسبب علاج لا بد منه فينصح بالتقليل منه أو استبداله بغيره إن وجد، أو على الأقل عدم أخذه على معدة فارغة أو التأكد من تناول مضاد الحموضة معه.

س – ثم ماذا؟

ج – ثم نبدأ بالتأكد من التشخيص.

س – وكيف يكون ذلك؟

ج – خير وسيلة هي بأجراء منظار للمريء والمعدة والإثنى عشر.

س – وهل يحتاج كل مريض إلى منظار كهذا؟

ج – هذا هو الأفضل لأنه يساعد الطبيب على علاج مريضه على بيّنة وليس بالظن. فالمنظار يؤكد لنا عدم وجود آثار لزيادة الإفراز ويبيّن لنا مدى تأثر المريض بها كما أنه يبيّن لنا السبب في بعض الحالات. ويمكننا اخذ عينة في حالات قرحة المعدة.

س – ماذا تقصد بالسبب؟ ألم تذكر الأسباب؟

ج – هناك سبباً لم اذكره وهو جرثومة أو بكتيريا تسبب التهابات المعدة والقرح.

س – وما هي هذه البكتيريا وكيف يمكن تشخيصها؟

ج – هي معروفة باسم Helicobacter pylori ويمكن تشخيصها بأخذ عينة من جدار المعدة وفحصها تحت المجهر. كما يمكن تشخيصها بتحليل دم أو تحليل النفَس.

س – وإذا تأكدنا من التشخيص فكيف تتم عملية العلاج؟

ج – إذا تبين أن السبب هو الجرثومة فتُعالج بالمضاد الحيوي ومضادات الحموضة لمدة أسبوع. أما إن كانت آثار زيادة الحموضة واضحة ولم يتم العثور على الجرثومة فإن المريض يحتاج إلى خافض للحموضة أو معادل لها.

س – وبأيهما يبدأ الطبيب؟

ج – عادةً، في الحالات البسيطة يبدأ بمضاد الحموضة Antacid.

س – وكيف يعمل معادل الحموضة هذا؟

ج – كما تعلم الحامض يحتاج إلى قلوي ليعادله. فهذه المواد قلوية وتعادل الحامض فتبطل مفعوله.

س – وإن كان هذا لا يكفي؟

ج – يضاف إلى معادل الحموضة مبطل لإفراز الحمض مثل Zantac والذي يؤخذ ليخفف من إفراز الحمض إلى حد ٤٠ – ٦٠% .

س – وهل هناك علاجات أخرى؟

ج – إذا وجدت تقرحات في جدار المعدة فمن المفيد أن يأخذ المريض حبوب أو شراب ألـ Sucralfate والتي تعمل على تغطية هذه التقرحات وحمايتها من الحمض حتى يتم شفاؤها، لأنها كما ذكرنا في السابق، معرضة لأخطار الحمض نظراً لعدم وجود تلك الطبقة الواقية العازلة التي لا توجد إلا على الخلايا السليمة.

س – وهل يبقى المريض على هذه العلاجات بقية حياته، أم أن لها مدة محددة؟

ج – ينبغي أن يجرب العلاج لمدة شهرين إلى ثلاثة ثم يتوقف. وعلى المريض أن يراجع الطبيب بعد ذلك بشهر أو شهرين.

س – وما السبب أو ما الداعي إلى تلك المراجعة؟

ج – حتى يرى الطبيب المريضَ ويعلم منه أن أعراضه لم تعدْ أليه بعد ترك العلاجات. وإذا كان التشخيص في المرة الأولى قد بين قرحة في المعدة فان المريض يحتاج إلى منظار آخر حتى يتأكد من أنها قد اختفت.

س – أراك قد أعدت ذكر قرحة المعدة مرة أخرى. ففي المرة الأولى لم أسألك عنها أما الآن فلن أفوتها لك. ما الفرق بين قرحة المعدة وقرحة الإثنى عشر والذي يجعلك تتخوف من الأولى ولا تبالي كثيراً بالثانية؟

ج – قرح الإثنى عشر عادة تكون حميدة، ويندر جداً أن تكون خبيثة أو أن تتحول إلى قرحة خبيثة. أما قرح المعدة فكثير منها خبيث ولذا يجب أخذ عدة وخزات أثناء الفحص بالمنظار من جهات مختلفة من هذه القرحة وفحصها مجهرياً ويبدأ علاج الحموضة فقط إذا لم يتبيّن أن هذه العينات خبيثة. أما إذا كانت لا سمح الله خبيثة فعلاجها جراحي.

س – ولكن هذا لا يفسر لي شيئاً. وهو أنك قلت أننا لا نبدأ بالعلاج اللاجراحي إلا إذا لم يتبيّن لنا ما يدل على أن القرحة خبيثة، أليس كذلك؟

ج – بلى.

س – إذاً فما الداعي إلى إعادة المنظار بعد فترة من العلاج؟

ج – بالرغم من أخذ عينات أثناء المنظار الأول، وأقلّها المتفق عليه ست عينات، بالرغم من ذلك، قد لا تظهر هذه العينات أن الورم خبيث بالرغم من كونه خبيثاً ففي هذه الحالة لا يمكن للجراح أن يستأصل المعدة بسبب ورم ظهر لطبيب الأنسجة أنه حميد وفى نفس الوقت لا يرغب في تركة بالكلية. فيقوم في هذه الحالة بمباشرة العلاج اللاجراحي ثم إعادة المنظار بعد فترة من العلاج، فإن اختفى الورم أثبت أنه كان حميداً وإلا فيزداد شك الطبيب فيه وبإعادة المنظار يتمكن من إعادة أخذ العينات وإرسالها إلى طبيب الأنسجة للتأكد.

س – وإذا استجاب المريض للعلاج الاجراحي، فلا داعي لتكراره، ولكن إذا لم يستجب. هل يعيد الكرة؟

ج – نعم يعيد العلاج مرة أخرى أو مرتين وربما استخدم في المرات التالية علاجات أقوى.

س – وهل هناك علاجات أقوى؟

ج – نعم هناك علاجات تقلل إفراز الحمض بنسبة ٩٩% تقريباً فتعطي فرصة لعلاج التقرحات والالتهابات.

س – وإن لم يستجب؟

ج – في حالات عدم الاستجابة للعلاج أو حدوث مضاعفات للقرحة يلجأ الجرّاح إلى الجراحة.

س – وما هي هذه المضاعفات التي تذكرها؟

ج – لقد ذكرتها من قبل وهي النزيف وانفجار القرحة بالإضافة إلى انسداد القناة الموصلة بين المعدة والإثنى عشر.

س – وما العلاج الجراحي في تلك الحالات؟

ج – لا أريد أن ادخل في تفصيل هنا لأن كل حالة يجب أن تناقش مع المريض وتفصل عليه بناءً على حالته. ولكن باختصار، العلاج الجراحي يعتمد على مبدأين، الأول قطع العصب الحائر أو جزء منه. والثاني استئصال المعدة أو جزء منها.

س – من السهل علي أن أفهم أن جزء من العلاج هو استئصال المعدة أو جزء منها فهذا منطقي فكلما أزيل جزء من المعدة أزيل جزء من مصنع الحمض. ولكن لماذا نقطع العصب الحائر و ما دخله في إفراز الحمض؟

ج – كلامك صحيح بخصوص المعدة إلى حد ولكن يجب أن تعلم أن الجزء الذي نستأصله في العادة هو ليس الجزء الذي يفرز الحمض.

س – وكيف ذلك؟

ج – إن الجزء الذي يستأصل في العادة هو الجزء الأقرب من الإثنى عشر ويعرف بالـ Antrum وهو ليس الجزء الذي يفرز الحمض فذاك هو الجزء العلوي الأقرب للمريء. ولكن سبب استئصالنا للجزء الأخير من المعدة هو أن هذا الجزء هو الذي يفرز هرمون الـ Gastrin والذي يؤدي إلى إفراز الحمض من الجزء العلوي من المعدة فبذلك نكون قد قللنا من إفراز الحمض.

س – أراك أحياناً تسمى مركباً على أنه هرمون وأحياناً تسميه أنزيماً فما الفرق بالرغم أن كليهما مركب كيميائي يفرزه الجسم؟

ج – تطلق كلمة أنزيم على المركبات التي يفرزها الجسم وتعمل في منطقة إفرازها بينما تطلق كلمة هرمون على مركب يفرزه الجسم ولكنه ينتقل من منطقة إفرازه إلى منطقة أخرى ليعمل عمله، وكلاهما مركبات بروتينية تدخل أو تساعد الجسم على عمل التفاعلات المهمة.

س – جزاك الله خيراً ولكن الـ Gastrin يفرز في المعدة ويعمل في المعدة وبالرغم من ذلك سميته هرمونا فلماذا؟

ج – سؤال وجيه. ولكن الـ Gastrin يفرز في آخر المعدة وينتقل عن طريق الدم ليعمل عمله في الجزء الأول من المعدة و ليس من داخل المعدة.

س – حسناً الآن فهمت ولكن لنعد إلى سبب قطع العصب الحائر؟

ج – في الحقيقة هما عصبان حائران الأيمن والأيسر أو قل الأمامي والخلفي وهما يغذيان أعضاء التجويف البطني بما فيه المعدة ويقومان في المعدة بوظيفة إفراز الحمض.

س – ولكنك قلت سابقاً أن الـ Gastrin يتسبب في إفراز الحمض فهل بدأت تناقض نفسك؟

ج – لا. وظيفة إفراز الحمض من المعدة متعددة الأسباب والوسائل،و تتلخص في ثلاث جهات مسئولة أو ثلاث طرق أو مسببات للإفراز :

فأولاً عندنا العصبان الحائران .

وثانياً عندنا هرمون الـ Gastrin .

وثالثاً عندنا الخلايا الحاوية على مستقبلات الـ Histamine وعند حث خلايا الحمض بهذه الأسباب تقوم بإفراز الحمض عن طريق قناة مشتركة وهذه القناة المشترك النهائية هي التي يعمل على إيقافها الـ Omeprazole وهو العلاج الأقوى الذي ذكرته سابقاً والذي يقلل إفراز الحمض بنسبة٩٩%. أما قطع العصب الحائر فيقلل إفراز الحمض بنسبة ٤٠ – ٦٠ % واستئصال الجزء أو النصف الأخير من المعدة كذلك يقلل الإفراز بنسبة ٤٠ – ٦٠% .

س – وماذا نستأصل أو نقطع حتى نبطل مفعول الخلايا الحاوية على مستقبلات الـ Histamine؟

ج - هذه هي التي ذكرتها في العلاج اللاجراحي وهي الأدوية المانعة لإفراز الحمض فهي مضادات للهستامين Histamine Blockers مثل الـ Zantac ٠

س - **هل يجمع الجرّاح عادة بين قطع العصبين واستئصال جزء من المعدة٠ أم أنه يكتفي بإحدى الطرق دون الأخرى؟**

ج - في العادة يقوم الجراح بقطع العصبين مع استئصال النصف الأخير من المعدة ولكنه أحياناً يقوم فقط بقع العصبين ويحتاج في تلك الحالات إلى توسيع قناة الـ Pylorus الموصلة بين المعدة الإثنى عشر٠

س - **لماذا؟**

ج - لأن قطع العصبين يعطل وظيفة تفريغ المعدة بتعطيل فتحة قناة ال Pylorus ولذا يحتاج المريض إلى توسيعها ٠

س - **وهل هناك مضاعفات مصاحبة لهذه العملية أو مجموعة العمليات؟**

ج - أحسنت عندما قلت مجموعة العمليات. فهي بالفعل مجموعة عمليات، والجواب نعم هناك مضاعفات عديدة لهذه العمليات، ولكن حتى لا أُشوّش عليك سأذكر لك هذه المضاعفات دون الدخول في تفاصيل٠

س - **لا بأس، هيا ابدأ؟**

ج - هناك مضاعفات عامة يمكن أن تحدث في أي عملية فلن أذكرها٠

س - **رجاءاً أذكر لي فقط المضاعفات الهامة والخاصة بهذه العملية؟**

ج - أولاً هناك المضاعفات الناتجة عن صغر المعدة٠

س - **وكيف تؤثر على المريض؟**

ج - المريض يشعر بالشبع أو بالامتلاء سريعاً ولذا فإنه يحتاج كما قلنا سابقاً إلى ٦ – ٧ وجبات يومياً٠ وربما و بالرغم من ذلك فقد شيئاً من وزنه، خصوصاً في الفترات بعيد العملية٠

س - **وغيرها؟**

ج - هناك أيضا مضاعفات ناتجة عن فقد صمام الـ Pylorus وهى تلك الفتحة الموصلة بين المعدة الإثنى عشر٠

س - **لكن الجرّاح على ما أعتقد يوصل المعدة بالأمعاء الدقيقة أليس كذلك؟**

ج - بلى٠ ولكن هناك فرق بين توصيل المعدة الإثنى عشر، أي مكانها الطبيعي، وتوصيلها بالأمعاء الدقيقة التي لم تكن قبل العملية موصلة بالمعدة مباشرة٠

س - **وما الفرق؟**

ج – هذا يدخل في علم وظائف الأعضاء الـ Physiology وعلم التشريح الـ Anatomy فكل عضو بما فيه الـ Pylorus وضعه الله بحكمة في موضعه وله وظيفته في ذلك الموضع ومهما حاول الجرّاح فلن يصل إلى وضع مماثل طبيعي.

س – وما وظيفة الـ Pylorus؟

ج – وظيفته التحكم في كمية ونوعية الطعام المتجه من المعدة إلى الإثنى عشر، فلا يسمح بمرور سوى كميات صغيرة في كل مرة. وكذلك لا يسمح بمرورها إلا بعد أن يتم خلطها جيداً مع عصارات المعدة وتحولها إلى مادة شبه سائلة وتكون هذه الكميات الصغيرة مناسبة لكمية العصارة القلوية في الإثنى عشر.

س – إذاً عند توصيل المعدة مباشرة الإثنى عشر نفقد هذه الوظيفة؟

ج – نعم.

س – فماذا يحدث عندئذٍ؟

ج – تحدث اضطرابات في حركة الأمعاء وخفقان واضطراباً في نسبة السكر في الدم.

س – كل هذا من فقد الـ Pylorus؟

ج – نعم. لأن الأكل ينتقل قبل خلطه جيداً وقبل تكسيره جيداً وبكميات كبيرة غير موزونة. فترتبك الأمعاء ويرتبك البنكرياس في السيطرة على السكر في الدم.

س – سبحان الله. عضلة صغيرة يجهل فائدتها كثير من الناس. وهل هناك مضاعفات أخرى؟

ج – نعم. يمكن لنفس الأعراض أن تتكرر.

س – وكيف؟

ج – يمكن أن تعاود المريض قرحة أخرى.

س – كيف وقد أُجريت العملية للتخلص من هذه المشكلة؟

ج – يحدث هذا إذا لم يقمْ الجرّاح بإزالة جزء كافٍ من المعدة أو لم ينجح في قطع العصب الحائر.

س – وماذا غير ذلك؟

ج – أراك قد بدأت تخشى العمليات وهذا ليس من مقصدي فلذلك سأذكر لك بعض المضاعفات الخفيفة نسبياً ولكن بشكل سريع.

س – هاتها يرحمك الله؟

ج – الإسهال – فقر الدم – رجوع مادة الصفراء إلى المعدة مسببه التهابات المعدة والمرئ – الإنسداد المعوي.

س – الآن أريدك أن تحدثني عن أضرار الحمض فى المعدة على المرئ؟

ج – نعم، كأنك قرأت شيئاً عن ذلك؟

س – أجبرتني الظروف، فأنا أعاني من الحرقان ويعتقد طبيبي أنني مصاب بذلك فهل هذا صحيح؟

ج – يشتكي المصابون بذلك بالشعور بالحموضة فى أعلى المعدة وأسفل الصدر وربما شابه ذلك الشعور شعوراً بأن انساناً يقبض معدتك من أعلاها أو كأن طفلاً يقف على أعلى بطنك وأحياناً يشعر المريض باختناق فى الحلق٠

س – مهلاً لو سمحت٠ ليتك شرحت لى تفسير هذه الأعراض؟

ج – حسناً٠ اذا زاد الحمض و رجع إلى أعلى المعدة فإنه يحرق أسفل المرئ لأن غشائها غير مستعد ولا مهيئ لاستقبال حمض، فوظيفته فقط نقل الطعام من الفم إلى المعدة٠ فعندما يحدث ذلك الحرق يشعر المريض بحرقان. أما الشعور بالقبض فى هذه المنطقة فذلك لأن فى أسفل المرئ عضلة تعمل كصمام، فتحاول أن تقوم بدورها فى حماية المرئ من الحمض، فتنقبض هذه العضلة وكما تبين لك، إنقباضها مؤلم٠

س – ولكن ما سبب الشعور بالاختناق٠ والحلق بعيد كل البعد عن المعدة؟

ج – هذا سؤال جيد٠ سبب ذلك أن المرئ عندما يستسلم للأمر الواقع وهو أنه لا يستطيع أن يمنع الحمض من الدخول اليه من المعدة فإنه يحاول على الأقل منعه من الوصول الى الحنجرة فتنقبض عضلات المريض العلوية التى تشكل هى الأخرى صماماً لتمنع مرور الحمض منها الى الفم والحنجرة٠

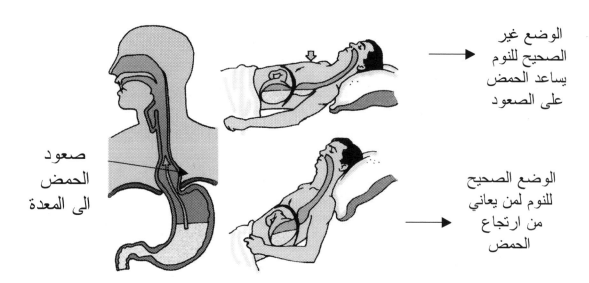

الوضع غير الصحيح للنوم يساعد الحمض على الصعود
صعود الحمض الى المعدة
الوضع الصحيح للنوم لمن يعاني من ارتجاع الحمض

س – عجيب! أعضاء فى أجسامنا كأنها تفكر؟

ج – هذه حكمة الخالق سبحانه وتعالى. فلو ترك لنا الخيار فى مثل هذه الأمور لما خطر على بالنا أن نفعل ذلك، ولو استطعنا.

س – هذا تفصيل جيد بالنسبة للأعراض. الآن بدأت أفهم ما يحدث لي، ولكن ما هي أسباب صعود الحمض الى مكان لا ينبغي له أن يدخله؟

ج – أسباب عديدة. فمنها ما يتعلق بالأكل ومنها ما يتعلق بالفتحة فى الحجاب الحاجز بين الصدر والبطن.

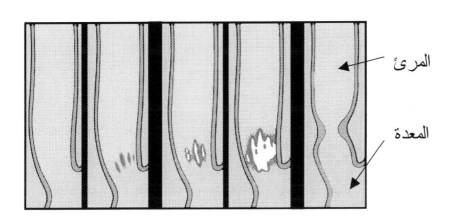

المرئ

المعدة

التغيرات التي تحدث في اسفل المرئ من جراء تكرار مرور الحمض عليه

س – وما الأسباب المتعلقة بالأكل؟

ج – هناك بعض الأكلات تسبب زيادة إفراز الحمض وهناك أخرى تتسبب فى ذلك بطريقة غير مباشرة مثل الدهون لأنها تبقى مدة طويلة فى المعدة. وهناك أكلات أخرى تتسبب فى ارتخاء الصمام بين المعدة والمرئ.

س – وما هي تلك المواد التى تؤدي الى ارتخاء الصمام؟

ج – النعناع بالدرجة الأولى، ثم هناك بعض البهارات مثل الهيل.

س – وما الأسباب المتعلقة بالفتحة فى الحجاب الحاجز نفسها؟

ج – أهمها زيادة الوزن أو السمنة.

س – وكيف تؤدى السمنة الى اختلال فى عمل هذا الصمام؟

ج – عند السمان يحدث ترسب للخلايا الدهنية حول تلك الفتحة (كما يحدث فى بقية الجسم) فيؤدى ذلك الى توسعها فى المساحة ولكن ضعفها فى التحكم. هذا من ناحية، ومن الناحية

الأخرى ترسبات الدهن فى جدار البطن يؤدى الى ضغط على البطن خصوصاً وقت الاستلقاء على الظهر فيؤدى ذلك الى زيادة الضغط على محتويات البطن (ومنها المعدة) والتى بدورها تحاول البحث عن نقاط الضعف فى البطن والتى منها هذه الفتحة فى الحجاب الحاجز فيؤدى ذلك الى انزلاق المعدة أو على الأقل الجزء الأعلى منها الى الصدر ٠

س – وهل هذه المشـكلة من الممكن علاجها دون اللجوء الى الجراحة أم أن الجراحة ضرورية؟

ج – كثيرٌ من هذه الحالات يمكن علاجها لا جراحياً وذلك باتباع حمية معينة وتخفيف الوزن واتباع تعليمات معينة فى طريقة الأكل والنوم بالإضافة طبعاً الى بعض الأدوية ٠

س – أرجو أن تفصل؟

ج – أما الحمية فبتجنب ما سبق وأن ذكرنا أنه يسبب زيادة إفراز الحمض عند كلامنا عن القرحة الإثنى عشرية بالإضافة الى ما قلناه قبل قليل من مسببات ارتخاء صمام المرئ السفلي والدهون التى تبقى فى المعدة مدة طويلة ٠

س – ولماذا نتجنب ما يبقى فى المعدة مدة طويلة؟

ج – لأنه يؤدي الى استمرار إفراز الحمض ٠ فطالما بقى شئ فى المعدة فإن المعدة تحاول أن تهضمه٠ فالمطلوب هو إفراغ المعدة وإبقاءها فارغة فى غير أوقات الوجبة ٠

س – يبدو أنك بدأت فى الكلام عن طريقة الأكل؟

ج – نعم٠ الحمية وطريقة الأكل موضوعان متداخلان ولكن حتى أكمل كلامي عن الحمية فلا بد أن أُذكّر بتخفيف الوزن حيث أنه مفيد فى حالات السمنة كعامل أساسي٠ وبالنسبة لطريقة الأكل فمن المهم أن يأكل المرء وجبات منتظمة فمثلاً وجبتين أو ثلاث وجبات، لا يأكل بينها ولا حتى وجبات خفيفة حتى يعطي المعدة فرصة للراحة ٠

س – إذاً فأنت تشجع قلة الوجبات ٠ فما رأيك فى وجبة واحدة يومياً؟

ج – لا أنصح بذلك لأن الذين يتناولون وجبة واحدة يومياً عادةً ما يعوضون حاجاتهم كلها فى تلك الوجبة٠ فهي وإن كانت واحدة فى العدد إلا أنها تعادل اثنتين أو ثلاث وجبات فى الكمية٠ والمعدة ما خلقت لذلك، بالإضافة إلى أن ذلك يؤدي إلى تمدد المعدة وكبر حجمها مع الوقت ٠

س – هل بقى كلام عن الأكل؟

ج – نعم هناك بعض الأمور ٠ أولاً يجب الحرص على أن تكون المعدة فارغة عند النوم٠

س – وكيف؟

ج – أولاً بتقديم موعد العشاء وعدم أكل أو شرب شئ قريباً من موعد النوم٠ فيبقى المرء حوالي ساعتين قبل النوم دون أكل أو شرب٠ ثم اتباع وصية الرسول صلى الله عليه وسلم٠

س – وما هي؟

ج – النوم على الجانب الأيمن٠

س – وكيف يفيد ذلك؟

ج – فتحة المعدة الى الإثنى عشر كما تراها فى الصور من جهة اليمين٠ فإذا نام المرء على شقه الأيمن فإنه يساعد المعدة على إفراغ ما فيها بينما إذا نام على الشق الأيسر فإنه يعيق هذه العملية٠

س – وهل هناك طرقاً أخرى لتفريغ المعدة أو مساعدة ذلك بشكل طبيعي؟

ج – نعم هناك بعض الأدوية التى تساعد على ذلك ولكن الله خلق لنا البديل الأفضل٠

س – وما هو؟

ج – العسل٠

س – وهل تعني أن العسل مفيد فى هذه الحالات؟

ج – بالطبع فإنه مفيد أكثر من فائدة٠ فهو بالإضافة إلى مساعدته فى تفريغ المعدة فإنه يساعد على برء التقرحات فيها الناتجة عن زيادة الحمض وكذلك يساعد على تنظيم حركة الأمعاء٠

س – صدق من قال " أسقه عسلاً " صلى الله عليه وسلم٠

ج – نعم هناك الكثير من مفاتيح العلم بيّنها لنا ديننا ولكننا وللأسف لا نزال نتطلع إلى الغرب حتى يصدروا لنا الموافقة على أخذها٠

س – وهل هناك أوضاعاً معينة بالنسبة للنوم غير ما ذكرت؟

ج – نعم هناك أمر مهم وهو رفع الظهر عند النوم كما هو مبيّن فى الرسم٠ فلا ينام المرء بشكل أفقي تماماً، بل يرفع الظهر٠

س – ولماذا؟

ج – فترة النوم هي أكثر الفترات التى يرجع فيها الحمض إلى المريء ويساعد على ذلك انعدام التأثير المفيد للجاذبية الأرضية٠ فعند الجلوس أو الوقوف يحتاج الحمض إلى الجهد حتى يرتفع إلى المريء ولكن عند النوم الأمور سهلة فالجاذبية لا تضاده ويتحرك الحمض بحرية الى المريء٠ فإذا رفع المرء ظهر السرير فإنه يضيف عامل الجاذبية إلى صفه٠

س – وفى غير النوم هل هناك وضعاً يجب أن أحرص عليه أو يجب أن أتجنبه؟

ج – نعم يجب تجنب الانحناء لرفع شيء من الأرض٠ فالأولى أن تنزل نزولاً بثني ركبتيك بدلاً من ذلك حتى تتجنب زيادة الضغط فى البطن ورجوع الحمض٠

س – لقد أخبرتني أن هذه الأساليب التى ذكرتها، أعني التعليمات بالإضافة الى بعض الأدوية تحل المشكلة فى الكثير من الحالات ولكن ما الحل فى حالات الفتق فى الحجاب الحاجز HIATUS HERNIA؟

ج – في الحقيقة هناك نوعان من الفتوق التي نتكلم عنها٠ أحدهما لم نتطرق أليه وهو

الفتق المنبرم Rolling Hiatus Hernia وهذا النوع يحتاج الى علاج جراحي ولا ينفع فيه ما نتكلم عنه من طرق العلاج الغير جراحية وهو قليل الحدوث. أما الثاني وهو الذى نحن بصدد الحديث عنه فهو ما يعرف ب Sliding Hiatus Hernia أو فتق الحجاب الحاجز المنزلق وهو الذى كثيراً ما يكون مصحوباً بالإسترجاع الحمضي وهو الذى تكلمنا عن طرق علاجه اللاجراحية.

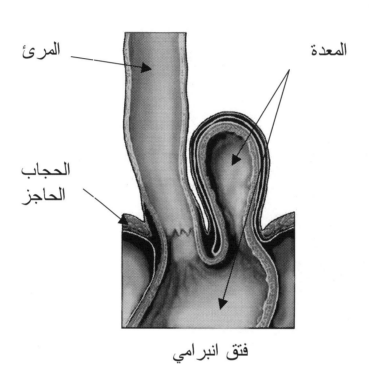

المرئ
المعدة
الحجاب
الحاجز

فتق انبرامي

س - أشكرك على هذا التوضيح ولكن ما هي طرق العلاج الجراحية بالنسبة لهذا الفتق؟

ج - المبدأ الأساسي فى الجراحة، وربما تبين لك الآن، أن لكل عملية جراحية مبدأ أساسي أو فكرة أساسية وهي التى ستجرى العملية على أساسها. بالنسبة لهذه المشكلة فالفكرة الأساسية هى إحداث صمام أو ما يشبه الصمام بين المريء والمعدة وذلك بتصعيب صعود الحمض من المعدة إلى المريء، ويكون ذلك بربط فم المعدة كما هو مبين فى الرسم فإذا نزل الأكل من المريء فإنه يمر دون عائق ولكن إذا رجعت محتويات المعدة أو حاولت الرجوع إلى المريء فإنها لا تستطيع ذلك نظراً لانغلاق هذا الممر فى هذا الإتجاه.

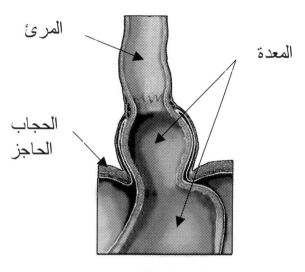

المرئ

المعدة

الحجاب
الحاجز

فتق انزلاقي

س – يبدو من كلامك أنها عملية بسيطة فهل هذا صحيح؟

ج – العملية من ناحية الخطوات بسيطة وقد باتت أسهل بعد إجرائها بالمنظار البطني .

س – هل تعنى أنها يمكن أجراؤها بالمنظار البطني؟

ج – نعم، ويستطيع المريض الخروج فى اليوم التالي بعد أن كان يبقى فى المستشفى
لعدة أيام .

س– ولكن لماذا تصفها بأنها بسيطة؟

ج – لأن العملية عبارة عن لف الجزء العلوي من المعدة حول الجزء الأسفل من المريء
وتثبيته بثلاث ربطات كما هو موضح في الرسم.

س – وهل لهذه العملية مضاعفات؟

ج – سؤالك غريب وخصوصاً بعد هذا المشوار الطويل . ألم تفهم حتى الآن أن لكل عملية
مضاعفات قلّت أو كثرت صغرت أم كبرت .

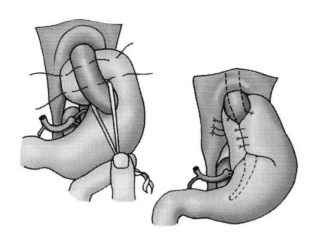

طريقة اصلاح فتق المعدة

س – أعذرني فهذا مجرد سبق اللسان فأرجو أن تحدثني عما قد يصاحب هذه العملية من مضاعفات؟

ج – بالإضافة الى المضاعفات العامة فإن أهم ما قد يصاحب هذه العملية من مضاعفات هو ضيق هذه الربطة بحيث أن المرء يجد صعوبة فى البلع.

س – وما علاج ذلك؟

ج – ليس له علاج إلا الجراحة من جديد لفك الربط الأول.

الفتوق

Hernias

س – ما هو الفتق؟

ج – الفتق هو خروج عضو (جزء من الجسم) من مكانه الطبيعي إلى مكان آخر عبر فتحة.

س – ما هي أنواع الفتوق إذاً؟

ج – الفتوق عدة أنواع ولكنها تنقسم إلى قسمين :-

فتوق داخلية وهي التي تحدث داخل الجسم. في البطن مثلاً.

وفتوق خارجية وهي التي تحدث من البطن إلى خارجها.

س – هل لك أن تذكر لي بعض أنواع الفتوق الداخلية؟

ج – نعم من أهمها فتوق الحجاب الحاجز وفيها خروج المعدة من فتحة المريء و هي التي سبق و أن ذكرناها آنفاً وكذلك فتوق في البطن تنحبس فيها الأمعاء داخل التجويف البطني.

س – ليست هذه التي أبحث عنها.هل لك أن تذكر لي الفتوق الخارجية؟

ج – نعم لقد توقعت أنك تعني هذه ، فهي معروفة أكثر لدى العامة نظراً لأنها مرئية. أنواعها كثيرة ولكن أشهرها الفتوق الإربية والفتق السري.

الفتق السُري

Umbilical or Paraumbilical Hernia

س – وما هو الفتق السري؟ يبدو من اسمه أنه ينشأ من السرة.

ج – هو ينشأ من السرة أو من المنطقة حولها فهو إما سري أو مجاور للسرة وهو إما أن يكون ظاهراً عند الولادة أو يظهر فيما بعد. عادة في سني الإخصاب بالنسبة للنساء او في السنين المتأخرة في النساء والرجال إذا كان سببه الأمراض المسببة لزيادة الضغط داخل البطن.

س – لي صديق عمره ثلاثون سنة وعنده فتق سُري فكيف يظهر عند الرجال وهم لا يتعرضون للحمل والولادة؟

ج – نعم قد يظهر في الرجال في هذه السن ولكن عادة ما يكون له مسبب آخر مثل الرياضة المجهدة أو الإمساك المزمن أو السعال (بسبب التدخين) أو العطاس (بسبب الحساسية) المزمنين. وكذلك قد يكون سببه الاستسقاء البطني.ولو لاحظت فإنك تجد أن كل هذه الأسباب متعلقة بزيادة الضغط في البطن.

س – وما سبب ظهورها عند الأطفال حديثي الولادة؟

ج – سبب ظهورها عدم إقفال السرة تماماً قبل الولادة.

س – هل تحتاج إلى عملية؟ وهل يتحمل الطفل الصغير عملية في هذه السن المبكرة؟

ج – يستطيع الطفل تحمل العملية إذا كانت ضرورية ولكن ولله الحمد أغلب الفتوق السرية تقفل من حالها وبدون عملية، وذلك عادة قبل سنة من عمر الطفل ولذلك يتركها أغلب الجرّاحين لمدة سنة قبل أن يقرروا إصلاحها جراحياً ما لم تكن مصحوبة بأعراض خطيرة.

س – وماذا عن الفتوق السرية في البالغين؟ وهل هي أيضاً تزول بدون جراحة؟

ج – لا. في البالغين لا تزول بدون عملية.

س – إذاً فالعملية ضرورية في كل الحالات في البالغين؟

ج – لا. هي ضرورية فقط عند وجود أعراض.

س – ما هي هذه الأعراض؟ وما سببها؟

ج – هذه الأعراض هي ألم في البطن ،أو في السرة نفسها ،وقد يكون مصحوباً بتقيؤ أو تورم وانتفاخ في السرة وهي جميعها بسبب انحباس الأمعاء في السرة أو الكيس الفتقى.

س – هل عمليتها بسيطة أو معقدة؟

ج – في أغلب الأحيان العملية بسيطة وتحتاج فقط لإغلاق الفتحة المسببة للفتق وذلك بالخياطة ولكن إذا كانت الفتحة كبيرة ولا يمكن إغلاقها بأغشية الجسم المجاورة فإن الجرّاح يحتاج في هذه الحالات إلى الاستعانة بأنسجة شبكية صناعية (Nylon or Prolene Mesh) شبيهة بالبلاستيك لسد الفتحة.

س – في هذه الحالات متى يُخرج الجرّاح هذا النسيج الصناعي؟ هل يحتاج المريض إلى عملية ثانية؟

ج – لا. لا يحتاج إلى عملية ثانية لأن هذا النسيج يبقى في الجسم ولا يحتاج إلى أن يخرج بل تتكون عليه ألياف من جسم المريض.

س – سمعت بأن عمليات الفتوق يمكن أجراؤها بالمنظار؟ فهل هذا صحيح؟

ج – نعم هناك بعض الجرّاحين يجرون عمليات فتوق بالمنظار ولكن هذه غالباً فتوق إربية ، أما الفتوق السرية فإذا كانت كبيرة فيمكن إصلاحها بالمنظار وتمتاز بالفتحات الجراحية الصغيرة أما إن كانت صغيرة فلا جدوى من استعمال المنظار في هذه الحالات حيث أن الفتحة في المنطقة المعنية (السرة) أصلا صغيرة.

س – إذا كانت المرأة في سن الإخصاب وعندها فتق سُري فهل الأفضل لها إجراء العملية الآن أو الانتظار حتى تتعدى سن الإخصاب حتى تصلحه؟

ج – رأي الجرّاح هنا مهم. فبعد مقابلة المريضة ومعاينة الفتق يشرح لها فضل العلاج المبكر ومضاعفاته.

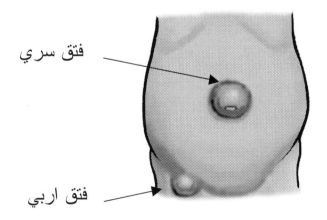

فتق سري

فتق اربي

س – وما هي حسنات الجراحة المبكرة وما أضرارها؟

ج – إذا حملت المرأة وعندها فتق سري فإنه غالباً ما يكبر وربما يتعرض لانحباس معوي وذلك أثناء الحمل فتضطر المرأة إلى إصلاحه أثناء الحمل وهذا يشكل خطراً على الجنين وزيادة في الخطر على الأم من تأثير المخدر والعملية نفسها. فالعملية قبل الحمل تحمي بإذن الله من هذا الموقف.

س – **فما المضاعفات إذاً؟**

ج – كما ذكرنا سابقاً، سبب الفتق في هذه الفئة هو الحمل فإذا تم إصلاح الفتق ثم حملت المرأة مرة أخرى فإن نسبة المعاودة (رجوع الفتق) تكون أعلى من التي لا تحمل بعد العملية.

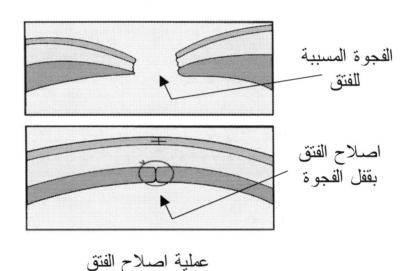

الفجوة المسببة للفتق

اصلاح الفتق بقفل الفجوة

عملية اصلاح الفتق

س – **فما الحل إذاً؟**

ج – الذي يلجأ إليه أغلب الجراحين هو أن تعمل العملية لإصلاح الفتق ثم تمتنع المرأة عن الحمل (بالموانع) لمدة سنة. بعد ذلك تكون المنطقة في قوتها قريبة من قوة الأغشية العادية والمحيطة بها.

س – **ما هي التعليمات التي تُعطى غالباً لمن تجرى له هذه العملية ،عدا التعليمات المتعلقة بالحمل بالنسبة للنساء؟**

ج – يطلب من المريض بعد إصلاح الفتق أن لا يحمل أشياءً ثقيلة أو يمارس رياضة شديدة لمدة ثلاثة أشهر على الأقل، بعدها يمكنه العودة تدريجياً إلى هذه الأعمال.

س – **كم يتوقع المريض بقاؤه في المستشفى بعد العملية؟**

ج – طبعاً يختلف من شخص لآخر وكذلك يختلف بالنسبة للحجم (حجم الفتق) ولكن في المتوسط يومين إلى ثلاثة أيام.

س – **ما هي المضاعفات التي قد تظهر بعد العملية؟**

ج – هناك عدة مضاعفات، ولكن ولله الحمد ، نسبة وقوعها قليل. فمثلاً،من الممكن أن يتجمع الدم في مكان الفتق وإذا لم يتم التخلص منه فإنه قد يتحول إلى صديد فيلتهب الجرح.

س – وماذا يفعل الجراح في هذا الحالة لمنع وقوع ذلك؟

ج – لمنع وقوع ذلك يحتاط الجرّاح بمعالجة أي نزيف أو تجمع دموي في منطقة العملية ،لأن البكتيريا تنمو في هذا التجمع الدموي ،وذلك قبل إغلاق الجرح (خياطة الجلد). وإذا توقع الجرّاح أنه قد يتجمع دم بعد العملية أو في الحالات التي يكون فيها الفتق كبيراً أو في الحالات التي يوضع فيها نسيج صناعي،عادة يترك الجرّاح لياً صغيراً في هذه الحالات أو أنبوبة ماصة لسحب ما قد يتجمع من دم.

س – إذا كانت الأنبوبة مفيدة في منع التجمع الدموي، فلماذا لا توضع في جميع الحالات؟

ج – وضعها من غير حاجة إليها أو تركها أكثر من المدة التي يحتاج إليها المريض، في حد ذاته قد يكون سبباً في حدوث إلتهاب. لذلك فإن على الجرّاح بعد الإعتماد على الله أن يعتمد على خبرته في اتخاذ هذا القرار (أعني قرار وضع الأنبوبة أو عدم وضعها).

س – ولكن إذا وقع الفأس على الرأس، كما يقولون، وحدث الإلتهاب الصديدي فماذا يفعل حينذاك؟

ج – يضطر الجرّاح في هذا الحالة إلى إخراج الصديد وذلك بفتح الجلد فتحة مناسبة (أي إزالة بعض الخيوط) قد تكون فتحة صغيرة إذا كان التجمع صغيراً أو في بعض الحالات قد يحتاج الأمرإلى فتح الجرح كاملاً.

س – هل يُخاط الجرح ثانية بعد علاج الإلتهاب؟

ج – في أغلب الأحيان يُترك الجرح ليلتحم من حاله أثناء إجراء الغيارات المتكررة وربما يرى الجرّاح أن الجرح نظيف ويحاول إقفاله بالخياطة أو بالورق اللاصق.

س – هذا بالنسبة لإلتهاب الجرح، ولكنك لم تذكر بقية المضاعفات فما هي؟

ج – هذا لأنك قاطعتني فلم أستطع أن أكمل. شئ آخر قد يحدث هو إنسداد معوي.

س – إنسداد معوي؟ ولكن سبب إجراء العملية هو تفادي ذلك فكيف يحدث؟

ج – للإنسداد المعوي الحادث بعد العملية عدة أسباب. فقد يكون سببه كسلاً معوياً أو خطأً من الجرّاح أو التصاقات بين الأمعاء وموضع الخياطة.

س – و ما هو الكسل المعوي؟

ج – الكسل المعوي هو بطء في عودة الأمعاء إلى حركتها الذاتية، ويحدث عادة بعد العمليات التي تحتاج إلى فتح البطن أو تحريك الأمعاء وملامستها.

س – وهل يحتاج هذا إلى علاج؟

ج – عادة لا يحتاج إلا إلى الصبر والإنتظار، ولكن في الحالات الشديدة قد يحتاج المريض إلى أنبوبة لتفريغ المعدة عن طريق الأنف حتى تبدأ الأمعاء في العودة إلى حركتها الطبيعية.

س – لقد قلت أن سبباً آخراً هو خطأ الجرّاح، فماذا تقصد؟

ج – كل ابن آدم خطاء. وقد يخطئ الجرّاح فيأخذ الأمعاء مع غرزته لخياطة الفتق فينتج عن ذلك انسداداً معوياً.

س – وما علاجه؟

ج – إذا تبين أن هذا هو السبب فإنه يحتاج إلعملية أخرى لفك الخياطة ووضع غيرها مكانها.

س – يا ساتر! أرجو أن لا يكون هذا كثير الحدوث.

ج – لا. الحمد لله. هو قليل الوقوع.

س – ما هو السبب الآخر الذي ذكرته للانسداد المعوي؟

ج – هو حدوث التصاقات مع موضع الخياطة. ولكن هذا عادة لا يظهر كالأسباب الأخرى في الفترة المباشرة بعد العملية وإنما يحتاج إلى بعض الشهور للحدوث وظهور آثاره.

س – أنت لم تذكر بقية المضاعفات فلماذا توقفت؟

ج – يا أخي لم أتوقف ولكنك قاطعتني مرة أخرى بأسئلتك؟

س – أرجو المعذرة. ما هي هذه المضاعفات؟

ج – أهم مشكلة هي معاودة الفتق أو بمعنى آخر رجوعه.

س – على من يقع اللوم إذا رجع الفتق؟

ج – هناك عدة أسباب لرجوع أو معاودة الفتق. منها ما يعود إلى المريض ومنها ما يعود إلى الطبيب ومنها ما لا سبيل لتفاديه.

س – هل لك أن تفصل؟

ج – نعم. من الأسباب التي تعود إلى المريض مثلاً، الحمل المقصود أو مزاولة رياضة شديدة أو حمل أثقال سواءاً في الرياضة أو في العمل أو في البيت. أما الأسباب التي تعود إلى الجرّاح فمنها عدم الشرح الوافي للمريض قبل العملية عن أسباب الفتوق وأسباب رجوعها وكذلك عدم العناية في إصلاحها، أو إصلاحها مع وجود شد في الأنسجة (أي أن تكون الفتحة كبيرة ولكن يصلحها الجرّاح دون الإستعانة بالأنسجة الصناعية لقفل الفتحة). وأما الأسباب التي لا سبيل لتفاديها فمثلاً السعال أو العطاس أو الإمساك أو الحمل الغير مقصود.

س – متى تُفك الخيوط؟

ج – بعد حوالي أسبوع من العملية إلا أن لكل جرّاح رأيه في ذلك وكذلك طريقة الخياطة قد يكون لها دور في تقرير ذلك. فبعض الجراحين يستعملون الخياطة تحت الجلد حتى لا يكون لها أثر وبعضهم يستعمل الورق اللاصق لتقريب أطراف الجرح.

الفتق الإربي

Inguinal Hernia

س – أُعاني من إنتفاخ في أسفل البطن من الجهة اليسرى في أعلى الفخذ، وأظنه فتقاً أو بعجاً فهل هذا صحيح؟ علماً بأنه ينزل إلى الخصية في بعض الأوقات، ولكنني أستطيع إرجاعه حتى يختفي.

ج – هذا الذي تصفه هو المعروف بالفتق الإربي الغير مباشر وهو يصيب جميع الأعمار وهو أكثر حدوثاً في الذكور ويمكن علاجه جراحياً إما عن طريق عملية الفتق التقليدية أو عن طريق المنظار البطني.

س – ما هي أسباب حدوث الفتق أو البعج الإربي، ولماذا يصيب بعض الناس دون الآخرين؟

ج – تنقسم أسباب حدوث الفتق الإربي إلى قسمين:-

١. أسباب خلقية و تكوينية – وذلك في الأطفال.
٢. أسباب ناشئة – وذلك عادة في غير الأطفال.

عند تكوين الجنين تنتقل الخصية من موقعها الأساسي في البطن إلى موقعها النهائي في كيس الصفن (كيس الخصية) تصحب معها أثناء نزولها كيس أو قناة من الغشاء المبطن لتجويف البطن (الغشاء البيريتوني–Peritoneum) والذي يقوم بالإنغلاق بعد توصيل الخصية إلى مكانها. هذا يتم عادة قبيل الولادة، إلا أنه في حوالي ٢٥% من الذكور يولد الطفل قبل إنغلاق هذه القناة، ولكن بالرغم من ذلك يتم إنغلاقها في الغالبية منهم في الأسابيع الأولى بعد الولادة. و في الذين لا يتم عندهم إنغلاقها تبقى القناة موصلة من التجويف البطني إلى كيس الصفن وتستطيع الأحشاء الإنتقال بحريّة بين هذين التجويفين فيتكون الفتق أو البعج.

أما الأسباب الناشئة فهي تتلخص في أي سبب يزيد من ضغط البطن مثل السعال المزمن ، الإمساك المزمن ، تعسر مرور البول ، الاستسقاء ، الحمل ، أورام البطن ، حمل شئ ثقيل لم يتعود عليه الشخص وبصورة مفاجئة، أو السقوط من مكان عالٍ، إلى غير ذلك. وتؤدي زيادة الضغط في البطن في هذه الحالات إلى إعادة فتح القناة الموصلة من البطن إلى كيس الصفن وبذلك يتكون الفتق. وهذه الأسباب الناشئة هي بعينها التي تؤدي إلى حدوث الفتوق الأخرى مثل الفتق السُري.

س – ما هي المضاعفات الناشئة عن الفتق وما الخطر من تركه دون علاج؟

ج – يعتمد ذلك على محتويات الفتق. فيمكن للفتق أن يحتوي على شحم التجويف البطني فقط و في هذه الحالة يسبب فقط آلام نتيجة سحب الشحم، وفي الغالب لا يكون خطراً. أما إذا كانت محتويات الفتق عبارة عن أمعاء سواء دقيقة أو غليظة فإن ذلك قد يسبب انسداداً معوياً أو حتى في بعض الحالات غرغرينة معوية قد تؤدي،لا سمح الله إلى موت جزء من الأمعاء أو حتى موت المريض إذا نتج عن ذلك تسمم.

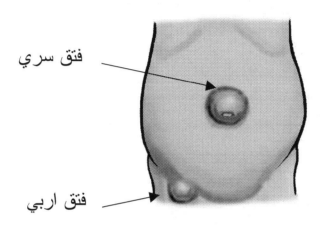

فتق سري

فتق اربي

س – ما هي طرق علاج الفتق الإربي وهل يمكن علاجه بالأدوية، أو بطرق غير جراحيّة؟

ج – للأسف لا يمكن علاج الفتق الإربي عن طريق أدوية والعلاج الوحيد الغير جراحي هو حزام الفتق إلا أنه ليس في الحقيقة علاج ولكنه فقط يمنع ظهور الفتق ولذلك لا ينصح باستعماله إلا كحل مؤقت لمن ينتظر إجراء العملية،أو في المرضى الذين تشكل عليهم العملية أو التخدير خطراً على حياتهم يفوق خطر إبقاء الفتق. وبذلك يتضح أن العلاج الوحيد للفتق هو العملية الجراحيّة.

س – سبق وأن قلت بأن الفتق يمكن علاجه بالمنظار أو بالعملية التقليدية (الشق) فما الفرق بينهما وأيهما أفضل؟

ج – الفرق بينهما أن العملية التقليدية عبارة عن شق في أسفل البطن وأعلى الفخذ فوق فتحة القناة الموصلة بين التجويف البطني وكيس الصفن. يقوم الجرّاح بإرجاع محتويات كيس الفتق إلى البطن ثم يربط ويقطع الكيس وبعد ذلك يقوم بتقوية الجدار البطني السفلي بالخياطة.

أما عملية المنظار البطني فتجرى بواسطة نفس المنظار المستخدم في عمليات إستئصال المرارة. يقوم الجراح بواسطته بإصلاح الفتق من جهته البطنية ويحتاج لإجراء ذلك إحداث ثلاث فتحات صغيرات.

أما أيهما أفضل فإنه يصعب الحكم بذلك نظراً لتعدد الآراء عند الجرّاحين بالإضافة إلى تعدد أنواع العمليات في كلا الطريقتين إلا أنه بصورة عامة فإن عمليات المنظار أثبتت وجودها وتمتاز بقلة الألم المصاحب لها وقصر مدة بقاء المريض في المستشفى بالإضافة إلى إمكانية علاج الجهتين، اليمنى واليسرى في آن واحد، عند من يعانون من فتوق في الجهتين، وسهولتها (مقارنة بالحالات التقليدية) في علاج الفتوق المتكررة.

س – كم يبقى المريض في المستشفى في كل من الحالتين؟

ج – في حالات الشق يبقى المريض بين ٣– ٤ أيام، أما في حالات المنظار فيمكن للمريض مغادرة المستشفى من غير ألم من أول يوم بعد العملية. بل، وبعد انتشار المراكز الجراحيّة اليومية في الغرب، فإن غالبية المرضى يتم إدخالهم المستشفى وإجراء العملية وخروجهم،كل ذلك في نفس اليوم.

س – متى يستطيع المريض مزاولة أعماله بعد العملية؟

ج – يعتمد ذلك على نوعية هذا العمل ،ولكن بصورة عامة، يحتاج مَن أُجريت له عملية شق إلى حوالي أسبوعين أو ثلاثة على الأقل حتى يستطيع مزاولة أعماله العادية (غير ذات الجهد)أما من أُجريت له عملية منظار ففي الغالب إذا لم يكن عمله مجهداً، فإنه يستطيع مزاولته مباشرة بعد خروجه من المستشفى. ولكن ينصح المريض بعد أي من الطريقتين ألا يزاول أي جهد ثقيل لمدة ثلاثة اشهر.

س – ما هي نسبة رجوع الفتق بعد إجراء العملية؟

ج – يختلف ذلك إعتماداً على وجود الأسباب المؤدية إلى حدوث الفتوق أوعدم وجودها. فإذا انعدمت هذه الأسباب فإن نسبة الرجوع تكون من ١–٥% وإذا بقيت هذه الأسباب فإن النسبة تكون كبيرة.

التهاب الزائدة الدودية الحاد
Acute Appendicitis

س – ربما كان أكثر العمليات معرفة عند العامة، وأكثرها ارتباطاً بالجرّاح، إلتهاب الزائدة الدودية أليس كذلك؟

ج – نعم الى درجة أن الكثير من العامة يعلمون أن الآلام فى الجهة السفلى اليمنى من البطن تعني إلتهاب الزائدة الدودية ما لم يثبت خلاف ذلك .

س – ولماذا تكون هذه الحالة مهمة الى درجة أن العامة غالبيتهم يعرفونها أو سمعوا بها؟

ج – ربما كان ذلك لعدة أسباب. فمثلاً، هي تصيب الذكور والإناث والكبير والصغير (أي جميع الأعمار). وهي منتشرة بكثرة فهي أكثر الحالات الاسعافية التى تحتاج الى تدخل جراحي. ولكن في اعتقادي أن هناك سبباً أهم من كل ما ذكر .

س – وما هو؟

ج – إذا تم تشخيص الزائدة بشكل صحيح فهي من أسهل الأمور معالجةً، وأسهلها عمليةً. إلى درجـة أنها، أعني عمليتها، غالباً ما يُجريها الطبيب المقيم فى بداية تدريبه،أو حتى طبيب الإمتياز تحت الإشراف . ولكن فى المقابل، الحالات التي يصعب تشخيصها، أو يتأخر تشخيصها، فإنها فى تلك الحالات تكون مصحوبة بمضاعفات شديدة ربما تصل الى موت المريض .

س – ليتني لم أسأل . قد كنت أظنها عملية سهلة والآن أقلقتني .

ج – لا تقلق كثيراً طالما أن المريض قد تم عرضه على جرّاح .

س – وكيف ذلك؟

ج – بناءً على ما ذُكر من خطورة مضاعفات الزائدة، فإن هناك اتفاقاً من الجهات الصحية على قبول ما يسمى باشتباه الزائدة وإدخال المريض للمراقبة فقط. فإذا ما خفّت أعراضه، فإنه يخرج من المستشفى. وإذا زادت أو وضحت، فإن العملية تُجرى له . بل وأكثر من ذلك، فهناك من يقوم بإجراء العملية للمريض المشتبه فى كونه يعاني من إلتهاب الزائدة حتى قبل التأكد. ومن المقبول، استئصال زوائد سليمة بنسبة ١٠ – ١٥ % مخافة عدم تشخيص زائدة ملتهبة .

س – وكيف يكون ذلك مقبولاً ١٠ – ١٥% من الزوائد أي واحدة من بين كل ٨ – ١٠ زوائد تُستأصل وهى سليمة؟

ج – نعم وذلك لأن عدم تشخيص زائدة، وتركها تنفجر، يصحبه مضاعفات كبيرة كما ذكرت، قد تصل إلى التسمم الدموي septicemia أو حتى الموت٠ وأنا متأكد من أنك لو خُيّرت، فإنك ستفضل استئصال زائدتك المشتبه بها، وإن كانت سليمة، مخافة حدوث مضاعفات قد تحدث لو تُركت حتى تنفجر.

س – بالطبع٠ كلامك صحيح٠ ولكن هلاّ حدثتني عن أعراض الزائدة؟

ج – بالطبع تعنى أعراض إلتهاب الزائدة الحاد؟

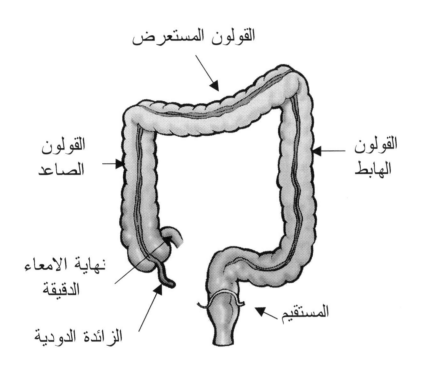

القولون المستعرض
القولون الصاعد
القولون الهابط
نهاية الامعاء الدقيقة
المستقيم
الزائدة الدودية

منظر يبين اجزاء القولون

س – نعم٠

ج – تكون أعراض الزائدة عادة فى بدايتها على شكل عدم إرتياح فى أعلى البطن، أي منطقة المعدة وقد يكون ذلك مصحوباً بغثيان، وربما استفراغ، أحياناً يتبع ذلك ألم حول منطقة السرة، إلا أنه عندما يشتد الألم يكون الشعور به فوق منطقة الزائدة وهى فى أسفل البطن من ناحية اليمين٠

س – وهل يكون ذلك مصحوباً بسخونة؟

ج – عادة تكون السخونة بسيطة إذا لم تتفجر الزائدة.

س – ولماذا ينتقل الألم من منطقة السرة الى الناحية اليمنى السفلى من البطن؟

ج – هذا الأمر يتعلق بنوعية الأعصاب الحاملة للألم. ففي النوع الأول من الألم تكون الأعصاب الحاملة للألم أعصاباً غير دقيقة فلا يظهر التحديد الواضح لمصدر الألم وإنما تكون مشابهة لأي ألم ينشأ فى أي منطقة من الجهاز الهضمي من ما بعد الإثنى عشر إلى منتصف القولون. ثم بعد ذلك تكون أكثر دقة وتحديداً فتشير إلى المنطقة المعينة بالتحديد.

س – إذا كانت الزائدة موجودة دائماً فى الجسم فما الذى يتسبب فى إلتهابها؟

ج – يكون الإلتهاب فى أغلب الأحيان ناتجاً عن إنسداد فى تجويف الزائدة. فالزائدة عضو أنبوبي مجوف طوله حوالي ٨ – ١٠ سم فإذا ما سد تجويفه مترسبات الأكل، أو حتى غدة لمفاوية فإنها تلتهب.

س – لاحظت عليك حب العلاج الغير جراحي في ما مضى من نقاشات. فهل ينطبق هذا على إلتهاب الزائدة؟

ج – إلتهاب الزائدة الحاد من الإلتهابات القليلة التى ينبغي فيها سرعة العلاج الجراحي وعدم إضاعة الوقت فى استخدام علاجات لا جراحية لأن جدواها لا يقارن بالجراحة.

س – ولكن أليست هناك حالات تعالج فيها إلتهاب الزائدة الحاد بالمضادات الحيوية فقط؟

ج – ليس هذا هو الأصل ولكن فى حالات عدم توفر الجرّاح، كأن يكون المريض فى طائرة فى رحلة طويلة، أو على متن سفينة، أو منطقة نائية، ولا يوجد جرّاح أو التجهيزات لأجراء عملية جراحية. ففي هذه الحالات يستطيع المريض أن يأخذ المضاد الحيوي كبديل حتى يتمكن من الوصول إلى المستشفى.

س – كيف يتم استئصال الزائدة؟

ج – يكون ذلك إما بالمنظار البطني، أو بعمل فتحة صغيرة فوق موضع الزائدة ويتم استئصال الزائدة من أصلها، أعني من إتصالها بالقولون في الجزء منه المسمى بالـ Caecum وخياطة تلك الفتحة في القولون وقفل الجلد.

س – ما هي الحالات التى تتسبب فى أعراض مشابهة لأعراض الزائدة، وما هي الحالات التي تكون فيها الزائدة صعبة التشخيص؟

ج – الحالات التي تتسبب في أعراض مشابهة لأعراض الزائدة هي حصوات الحالب الأيمن، إلتهاب الغدد اللمفاوية البطنية، الشدّ العضلي في تلك المنطقة و الفتق الإربي الأيمن، كما أن الزائدة الواقعة في موقع عالٍ في البطن، إذا التهبت قد تشبه إلتهاب المرارة أو الكلية اليمنى. هذا بالنسبة للرجال و النساء على سواء، أما الحالات التي تخص النساء فقط فهي ما يتعلق بجهازها التناسلي الداخلي، مثل الحمل و الحمل خارج الرحم ectopic pregnancy ، أكياس

المبيض ovarian cysts، إلتهابات قناة فالوب salpingitis و انتشار بطانة الرحم داخل التجويف البطني endometriosis.

أما بالنسبة للجزء الثاني من سؤالك، فأصعب الحالات تشخيصاً هي تلك التي تحدث في المرأة البدينة الحامل.

س – و كم تستغرق هذه العملية؟

ج – عادةً تستغرق ٤٥ –٦٠ دقيقة.

س – هذا جيد، و لكن متى يأكل المريض و متى يتحرك ومتى يخرج من المستشفى؟

ج – إذا أفاق المريض من تأثير المخدر، فبإمكانه التحرّك. و إذا لم يشتكِ من الغثيان فبإمكانه أن يأكل متى شاء.

س – حتى لو كان ذلك بعد العملية بساعة أو ساعتين؟

ج – نعم. إلاّ أن تكون الزائدة منفجرة، ففي هذه الحالات يفضَل التريّث قليلاً.

س – و متى يخرج من المستشفى؟

ج – في الحالات العادية يكون الخروج بعد العملية بيومين أو ثلاثة. أمّا في حالات إنفجار الذائدة أو التسمم، فبالطبع يحتاج المريض إلى البقاء مدة أطول.

س – وإذا تم استئصالها بالمنظار، فكم يبقى المريض؟

ج – بإمكان المريض في هذه الحالات الخروج يوم العملية أو اليوم التالى له.

س – ولماذا كل التهويل من إلتهاب الزائدة اذاً.

ج – يا أخي، سبق وأن قلت لك بأن إلتهاب الزائدة إذا تم تشخيصه قبل انفجارها فهي عملية سهلة بالنسبة للجرّاح و لا تشكل عبئاً كبيراً على المريض. ولكن المشكلة الكبرى تقع إذا تأخر المريض فى الوصول إلى الجرّاح أو تأخر الجرّاح فى التشخيص حتى تنفجر الزائدة و ينتج عن ذلك إما الكتلة الزائدية appendicular mass أو إلتهاب الصفاق الموضعي أو العام peritonitis.

س – صدقت. و لكنني نسيت. فما العمل في مثل هذه الحالات؟

ج – في حالة الصفاق، سواءاً الموضعي منه أو العام، فإن على الجرّاح استئصال الزائدة نظراً لأنها مصدر التلوّث، فإذا لم يستئصلها فلن يتوقف التلوّث، بل سيزداد. و بعد استئصال الزائدة يقوم بتنظيف المنطقة بحرص شديد.

س – و ماذا تعني بكلمة " حرص شديد "؟

ج – أعني بذلك أن على الجرّاح أن يحرص على ألا يكون هو سبباً في زيادة إنتشار الصديد عندما يقوم بإزالة الصديد الموجود في المنطقة.

س – و ماذا بعد ذلك؟

ج – بعد ذلك يقرر الجرّاح إذا كانت الحالة تحتاج إلى ترك أنبوبة تصريف drain أو لا. ويعتمد هذا القرار على مدى انتشار الصديد و كذلك قدرة الجرّاح على إزالته أثناء العملية.

س – ولكن هذا يعني أن المريض سيحتاج إلى البقاء مدة أطول في المستشفى، أليس كذلك؟

ج – نعم. ربما يوماً أو يومين إضافيين حتى تزال أنبوبة التصريف.

س – هذا بالنسبة للصفاق، فماذا عن الكتلة الزائدية؟

ج – بالنسبة للكتلة الزائدية appendicular mass فلا ينبغي أن تعالج جراحياً.

س – فكيف تعالج إذاً؟

ج – بعد التأكد من التشخيص بواسطة الأشعة الصوتية أو المقطعية، يبدأ الجرّاح بمعالجتها بواسطة المضادات الحيوية و المسكنات حتى يخف الإلتهاب و التورم و الاحتقان. مع مراقبة استجابة المريض لتلك العلاجات.

س – وكيف يكتمل العلاج في الحالتين، أعني في حالة استجابته للعلاج و في حالة عدم استجابته للعلاج؟

ج – في حالة عدم استجابته للعلاج، يحتاج الجرّاح إلى التدخل الجراحي لإنقاذ الموقف نظراً لأن تدخله بات ضرورياً.

س – عفواً، أعذرني على جهلي، و لكن كيف يعرف، أو كيف يحكم الجرّاح بعدم استجابة المريض للعلاج.

ج – يكون ذلك بزيادة حجم الكتلة، أو إرتفاع درجة حرارة المريض، أو إرتفاع في عدد الكريات البيضاء في الدم.

س – إذاً فعكس ذلك يدل على الاستجابة؟

ج – نعم. و في هذه الحالة ينتظر الجرّاح حتى تستقر حالة المريض، فيبدأ بتغذيته و إعطائه المضاد عن طريق الفم و من ثم إخراجه من المستشفى.

س – و لكنه لم يتخلص من المتسبب الرئيسي في المرض، أعني الزائدة؟

ج – صدقت، و لكنك لم تدعني أكمل.

س – عفواً. أرجوك أكمل.

ج – يعطى المريض موعداً في العيادة للمتابعة فإذا تبين للجرّاح أن الوقت مناسب فإنه يعطي المريض موعداً للدخول لاستئصال الزائدة.

س – سبحان الله. هذه أول مرة أسمع فيها بأن عملية الزائدة من الممكن أن تكون مجدولة و ليست إسعافية.

ج – صدقت، فهذه الحالة الوحيدة التي تكون فيها كذلك.

المرارة والحصوات المرارية
Gallbladder and Gallstones

_____

س – ما هي المرارة؟

ج – المقصود بالمرارة أو الحويصلة المرارية أو الكيس المراري، هو ذلك العضو الكيسي الكمثري الشكل الموجود في أسفل الكبد والذي يقوم بتجميع السائل المراري(الذي يتكون في الكبد) ومن ثم تركيزه ومن ثم ضخه إلى الإثنى عشر بعد الأكل كي يساعد في عملية هضم المواد الدهنية.

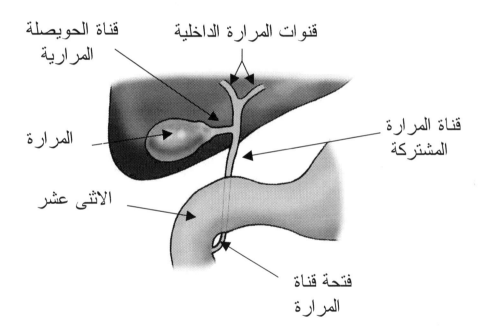

قناة الحويصلة المرارية — قنوات المرارة الداخلية

قناة المرارة المشتركة

المرارة

الاثنى عشر

فتحة قناة المرارة

س – ما هي الحصوات المرارية؟ وما سبب تكوينها؟

ج – الحصوات المرارية هي حصوات تتكون إما في المرارة وإما في القنوات المرارية. وسبب تكوينها هو اضطراب في تركيز مكونات السائل المراري وهي الكولسترول (Cholesterol) والأملاح الصبغية (Bile salts) في السائل المراري إلا أنه أحيانا يكون سبب تكوينها زيادة الصبغات المرارية (Bile pigments) عند المرضى الذين يعانون من فقر الدم المتسبب من

تكسر الكريات الحمراء (Hemolytic Anaemia) فزيادة هذه المواد عن الموازنة الطبيعية تؤدي إلى ترسبها ومن ثم تجمع المترسبات يؤدي إلى تكوين حصوات.

س – وهل أعداد الحصوات المتكونة وأحجامها متساوٍ في جميع الحالات؟

ج – لا. فمن الممكن أن يكون لدى المريض حصوة واحدة و قد يكون لديه مئات الحصوات. و قد تكون الحصوة في حجم حبة الرمل و قد يصل حجمها إلى حجم كرة تنس الطاولة.

س – وهل هناك فئة أو فئات من المجتمع أكثر عرضة للإصابة بحصوات المرارة؟

ج – نعم. هناك فئات من المجتمع أكثر عرضة للإصابة بالحصوات.

فالنساء بصورة عامة أكثر إصابة. ففي الغرب تبين الدراسات أن نسبة إصابة النساء إلى الرجال ١:٢. هذا إذا اعتبرنا جميع الأعمار. أما إذا اعتبرنا سنيّ الإخصاب فقط فإن هذه النسبة تصل إلى ١:٦ حيث أن الفارق يقل كما نرى مع تقدم السن.

س – وهل هذه النسب مشابهة لمثيلاتها في السعودية أم لا.

ج – بالنسبة للسعوديات، فإن الفارق بين الرجال والنساء أكبر بكثير حسب دراسة قمنا بها. حيث بينت أن متوسط النسبة في جميع الأعمار حوالي ١:٥،٦ وبالنسبة لسني الإخصاب تصل إلى ١:١٣،٧. كما أن نسائنا يصبن بالحصوات المرارية في سن مبكرة مقارنة بمثيلاتهن في الغرب.

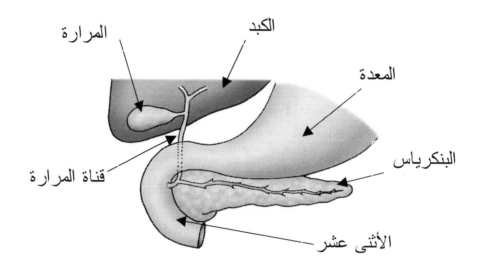

س – ولكن هذه نسبة كبيرة، فما سبب هذا الإختلاف الكبير بين النساء والرجال؟ وما سبب إصابة نسائنا في سن مبكرة؟

ج – هناك عدة عوامل، من أهمها البدانة والزواج (وبالخصوص الإنجاب) المبكر وعدم ممارسة الرياضة البدنية.

س - ولكن ما علاقة الخصوبة أو الزواج المبكر في هذه المعادلة؟

ج - يبدو أن العلاقة مرتبطة بهورمون الإستروجين estrogen، حيث أنـه يؤدي إلى زيادة إفراز الكولسترول في السائل المراري، مما يؤدي إلى ترسبه في المرارة على شكل حصوات.

س - ما هي الأعراض التي يعاني منها من لديه حصوات مرارية؟

ج - الأعراض التقليدية التي يعاني منها من لديه حصوات مرارية هي آلام في الجهة اليمنى العلوية من البطن (أحياناً تحت الضلوع). وغالباً تحدث هذه الأعراض بعد أكلة دسمة. وكذلك كثيراً ما يكون هذا الألم مصحوباً بألم في الكتف اليمنى وفي الظهر خلف الصدر. وحيث أن الألم شديد فإنه كثيراً ما يكون مصحوباً بتقيّؤ.

وسبب هذا الألم هو محاولة المرارة إخراج ما بها من حصوات أو إحتباس الحصوات في القنوات المرارية، وفي هذه الحالة يصاحب ما سبق من الأعراض حدوث اليرقان.

س - كيف يظهر اليرقان الناتج من حصوات مرارية؟

ج - يظهر ذلك بظهور اصفرار في صلبة (بياض) العين وفي الجلد ككل. كما أنه يؤدي إلى تغير لون البول إلى الأحمر الداكن (كالشاي) والبراز يصبح لونه فاتحاً.

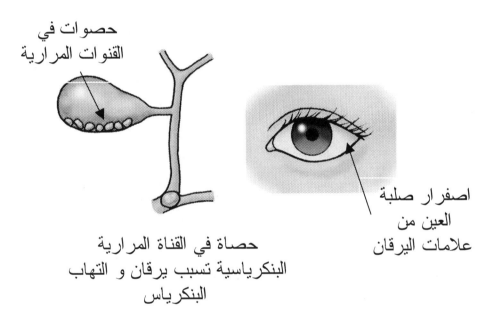

حصوات في
القنوات المرارية

اصفرار صلبة
العين من
علامات اليرقان

حصاة في القناة المرارية
البنكرياسية تسبب يرقان و التهاب
البنكرياس

س - كيف يتأكد المرء من أن لديه حصوات مرارية؟

ج - إذا أحس الشخص بالأعراض فإنه يذهب إلى الطبيب الجرّاح ويقوم الجرّاح بالتأكد من الأعراض ثم يفحصه ثم يقوم بعمل بعض التحاليل الدموية بالإضافة إلى الأشعة الصوتية (Ultrasound) التي توضح الحصوات في المرارة وحجم القنوات المرارية (Bile ducts).

س - ما هي طرق علاج حصوات المرارة؟

ج – ليس هناك طريق ناجح لعلاج حصوات المرارة ألا باستئصالها (أي المرارة مع حصواتها) ويتم ذلك ولله الحمد عن طريق المنظار البطني(Laparoscope).

س – ولكنني سمعت عن طرق أخرى غير جراحية لعلاج أو التخلص من حصوات المرارة، فأرجوك أذكر لي هذه البدائل؟

ج – هذه البدائل تتلخص في الإذابة أو التفتيت.

س – أذكر لي و لو مختصراً عنها، جزاك الله خيراً؟

ج – أما الإذابة فإنها تتم بواسطة أخذ حبوب عن طريق الفم. تحتوي هذه الحبوب مواد مذيبة للحصوات المكونة من الكولسترول.

س – هل تعني أنها لا تذيب سوى حصوات الكولسترول؟

ج – نعم، و ليس كلها ، و لكن فقط التي لا يزيد حجمها عن ٢سم.

س – الآن فهمت لماذا لا تحبذها.

ج – مهلاً يا أخي، دعني أزيدك من الشعر بيتاً.

س – وماذا تعني؟ هل هناك عيب آخر في هذا النوع من العلاج؟

ج – هذا العلاج يحتاج المريض أن يستمر عليه لمدة قد تصل إلى عامين، وبعد التوقف عنه يكون المريض عرضة للإصابة بالحصوات مرة أخرى.

س – وماذا عن التفتيت؟

ج – يتم التفتيت بواسطة توجيه أشعة صوتية إلى الحصوات.

س – وما المشكلة في ذلك؟ يبدو وكأنه أمر سهل؟

ج – يحتاج الأمر إلى تحديد مكان الحصوة، و بدقة، قبل البدء بالتفتيت، و ذلك حتى تكون الموجات الصوتية مركزة على الحصوة وحدها. أما إذا أخطأ الطبيب في الإصابة، فإن الموجات الصوتية تحدث تلفاً،و إن كان بسيطاً، في الأنسجة المصابة.

س – هذا مخيف ! ولكن أخبرني، كيف النتائج؟

ج – يحتاج الأمر بعد ذلك إلى الإذابة، ونسبة معاودة الحصوات كبيرة كذلك.

س – وما السبب في أن نسبة المعاودة كبيرة في الحالتين السابقتين؟

ج – السبب بسيط، وهو أن مكان تكون الحصوات لم يتم التخلص منه.

س – وما هو؟

ج – المرارة نفسها.

س – وماذا عن الذين يعانون من حصوات في القنوات المرارية؟

ج – أما بالنسبة للذين يعانون من حصوات في القنوات المرارية بالإضافة إلى حصوات في المرارة فإنهم يحتاجون إلى منظار للقنوات المرارية (.E.R.C.P) قبل عملية منظار البطن. يقوم الطبيب من خلال هذا المنظار بعمل فتحة صغيرة، أو قُل، توسعة فتحة القناة المرارية عند مصبها في الإثنى عشر papillotomy، مما يساعد في إخراج حصوات القناة. بعد ذلك لا يحتاج المريض إلا إلى استئصال المرارة.

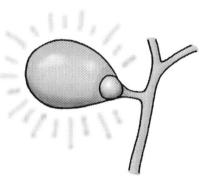

التهاب المرارة الحاد بسبب
سد الحصاة لمخرج المرارة
الى القناة الحويصلية

س – يقولون أن عملية المرارة تحتاج إلى شق بطني طوله حوالي ١٥ سم فهل هذه هي عملية المنظار البطنى؟

ج – في السابق كانت عملية استئصال المرارة تتم عن طريق فتحة بطنية تحت الضلوع في الجهة اليمنى طولها بين ١٢-١٥ سم كما ذكرت، ولكنها الآن تتم عن طريق المنظار البطني وهذه الطريقة تحتاج إلى أربع فتحات في الغالب، اثنتان منها بطول ١ سم واثنتان بطول نصف سم، يتم من خلالهم استئصال المرارة وإخراجها من البطن.

س – ولكن كيف يعيش المرء بدون مرارة؟

ج – كما بينت سابقاً فإن وظيفة المرارة تجميع العصارة المرارية وتركيزها وإفرازها توقيتاً مع الأكل للمساعدة في عملية الهضم. إذا استئصلت المرارة فإن عملية الهضم تتم طبيعية ولكن الإفراز يكون على شكل مخفف (غير مركز) وليس استجابة للأكل كما كان قبل الإستئصال. ولكن سرعان ما يتعود الجسم على هذا التغيير.

س – هل أحتاج إلى الإمتناع عن أكل الدهون بعد ذلك؟

ج – لا. لأن عملية الهضم كما أسلفت تتم بشكل طبيعي.

س – كم من الوقت تستغرق عملية استئصال المرارة؟ وكم المدة المتوقع بقائي في المستشفى بعد العملية؟

ج – في المتوسط تستغرق عملية استئصال المرارة بالمنظار ما بين ٤٥-٦٠ دقيقة والمكوث في المستشفى (إذا تمت العملية بيسر) عادة لا تزيد عن ٢٤ ساعة بعد العملية.

س – متى أستعيد نشاطي لأزاول عملي بعد العملية؟

ج – هذا يختلف من شخص لآخر ولكن من الطريف ذكره في هذا المجال أنني قمت بإجراء عملية استئصال مرارة لأحد الزملاء (طبيب) دخل المستشفى ٧:٣٠ صباحاً وأُجريت له العملية ما بين ٨-٩ صباحاً وبعد الظهر لم يشعر بأنه في حاجة للبقاء في سريره، فقام الساعة الثالثة بعد الظهر بالمرور على مرضاه بردائه الأبيض وسماعته الطبيّة.

س – ولكن هذه، وبلا شك، حالة خاصة فكيف بالغالبية؟

ج – هذه ليست حالة خاصة. فكل من أُجريت له عملية باستخدام التخدير العام لا يحتاج إلا إلى ساعتين أو ثلاث للإفاقة من المخدر والتخلص من آثاره. والألم المصاحب للعملية بسيط في أغلب الأحيان. هذا بالنسبة لما يشترك فيه المرضى. أما الباقي فهو وجود حافز يدعو أو يشجع المريض للخروج من المستشفى سريعاً. فمثلا رجل الأعمال أو التاجر لا يريد البقاء في المستشفى لأن هذا يعطل عمله وتجارته. والشخص النشيط، طبيعته تمنعه من البقاء في غرفة دون عمل. والمرأة التي تركت أولاداً في البيت دون من يعتني بهم، يمنعها قلبها من البعد عنهم ....وهكذا.

هذا بالنسبة لأصحاب الحوافز أما غيرهم فحدث ولا حرج. فبوجود السرير المريح والغرفة المكيفة والأكل والشرب وبقية الخدمات، لو ترك قرار الخروج للمريض وحده يمكنك ان تتخيّل التفاوت بين الناس.

س – هل يحتاج كل من لديه حصوات في المرارة إلى استئصالها؟

ج – لا. توجد نسبة لا بأس بها من الناس يكتشف عن طريق الصدفة (إجراء أشعة صوتية لسبب آخر) أن لديه حصوات في المرارة. كما أنه، بلا شك، توجد نسبة من الذين لم يفحصوا بالأشعة الصوتية، لديهم حصوات مرارية. وتبيّن الدراسات أن حوالي ٨٠% ممن أثبتت الأشعة الصوتية أن مراراتهم تحتوي على حصوات، لا يعانون من أعراض. وهؤلاء لا يحتاجون في أغلب الأحيان إلى استئصال المرارة ما لم تظهر أعراض مصاحبة، ولكن من الأفضل لهم مراجعة الجرّاح لمعرفة حالتهم والتأكد من ذلك.

س – هل الأفضل إجراء العملية عن طريق المنظار أو عن طريق شق البطن؟

ج – بلا شك فإن عملية المنظار البطني أثبتت تفوقها على الطريقة التقليدية بالنسبة للمرارة فهي أفضل من عدة نواحي:-

١. مدة العملية

٢. مدة البقاء في المستشفى

٣. قلة الألم

٤. سرعة الرجوع إلى العمل أو النشاط الطبيعي

٥. صِغر الجرح

٦. قلة نسبة المضاعفات المصاحبة للجرح مثل الفتق، الإلتهاب، تشوهات الجرح.

س – لا بد وأنكم تواجهون بعض حـالات إلتهـاب المـرارة أثنـاء الحمـل. فهل تعامل بنفس الطريقة أم أنها تشكل معضلة؟

ج – هذه بلا شك معضلة.

س – ولكن على من؟

ج – بالنسبة للجرّاح فهي أكثر صعوبة، حيث أن المضاعفات المصاحبة لها، أو المحتملـة، أكثر. وبالنسبة لطبيب التخدير هي كذلك أصعب، حيث أنه يتعامل مـع مريضين في آن واحد (الأم و الجنين) وبالنسبة لطبيب أمراض الولادة هي تشكل عبئاً، حيث أنه يحتاج أن يتابع المرأة وجنينها قبل العملية وبعدها للإطمئنان عليهما معاً. ثم قبل هؤلاء كلهم هناك الأهم.

س – ومَن الأهم من هؤلاء كلهم؟

ج – الأم وجنينها.

س – صدقت! لقد كدت أنساهم من طول قائمة الأطباء الذين ذكرتهم. فما الخطورة عليهما؟

ج – تحتاج عمليات المنظار البطني إلى نفخ التجويف البطني بغاز ثاني أكسيد الكربون، كما يحتاج إلى إدخال إبر وقنوات عمل داخل البطن. فهذه الإبر وقنوات العمل قد تجرح الرحم وتتسبب في الإسقاط. كما أن الغاز إذا حقن بضغوط عاليـة قد يتسبب في إحمضاض الدم acidosis هذا طبعاً إضافة إلى تأثير المخدر، فهو قد يتسبب في إحداث تشوهات خلقية إذا كان في الثلث الأول من الحمل، أو الإسقاط، إذا كان في الثلث الأخير من الحمل. كذلك الأشعة، إذا ما أُحتيج إليها، فهي كذلك مضرة في فترات تكون الأجهزة في الجنين، أي الثلث الأول بشكل خاص.

س – كفى كفى ! أرجوك. فقط أخبرني ماذا يعمل الجرّاح في مثل هذه المواقف؟

ج – يحاول الجرّاح جاهداً تجنب إجراء العملية أثناء الحمل وخاصة في الثلث الأول منه. فيقوم بمعالجة الحالـة بالمضادات الحيوية ويتابع الأم حتى تضع المولود ثم يرتب لها العملية بعد الولادة.

س – وإذا اضطر الجرّاح إلى اختيار وقت أثناء الحمل لإجراء العملية، فأي وقت يكون الخطر والضرر فيه أقل؟

ج – الثلث الأول، يكون فترة تكون الأجهزة في الجنين. والثلث الأخير يكون الرحم فيه كبيراً وبالتالي أكثر عرضة للإصابة أثناء العملية. فلو اضطر الجرّاح إلى إجراء العملية أثناء الحمل فإن أسلم وقت يكون الثلث الأوسط من الحمل مع الحرص الشديد.

تنظير القولون (الأمعاء الغليظة)
Colonoscopy

س – ما هو التنظير القولوني؟

ج – هو طريق آمن وجيد للفحص المرئي للغشاء المبطن للقولون والمستقيم بواسطة استخدام جهاز طويل أنبوبي قابل للالتواء.

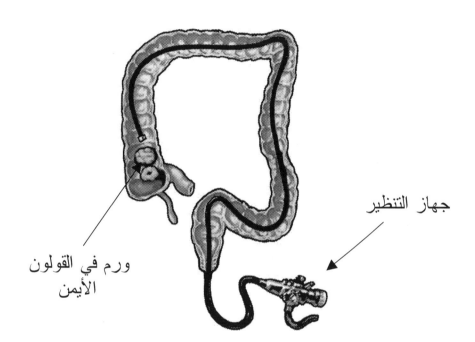

جهاز التنظير

ورم في القولون الأيمن

س – ما هي استخدامات منظار القولون؟

ج – يستخدم لتشخيص مشاكل القولون والمستقيم، وأخذ عينات منه واستئصال بعض النتوءات والأورام الصغيرة.

س – وهل يحتاج إجراء هذا الفحص إلى تنويم بالمستشفى؟

ج – غالباً ما يجرى هذا الفحص من غير تنويم وحتى من غير تخدير وإنما يُعطى المريض مهدئاً أو مزيلاً للألم فقط.

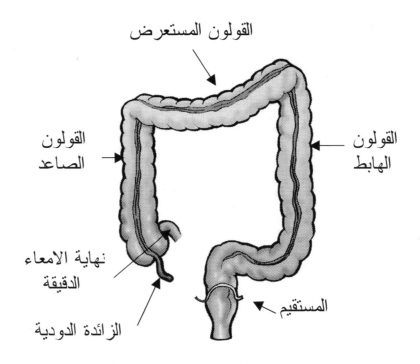

القولون المستعرض

القولون الهابط

القولون الصاعد

نهاية الامعاء الدقيقة

المستقيم

الزائدة الدودية

منظر يبين اجزاء القولون

س – متى يحتاج المرء إلى تنظير قولوني؟

ج – ينصح بإجراء تنظير قولوني في الحالات التالية :-

١. الأعراض والاضطرابات البطنية التي لا يوجد لها تفسير بسيط.

٢. التهابات القولون.

٣. للتحقق وأخذ عينات من ما تم تشخيصه عن طريق الأشعة الملونة barium enema من أورام أو نتوءات في القولون (Polyps).

٤. حالات النزيف (براز مصحوب بدم) التي لا يكون سببها حالات شرجية أو من المستقيم.

٥. متابعة الحالات التي سبق وأن شخصت بسرطان القولون او نتوءات قولونية.

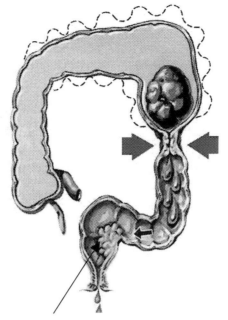

ورم سرطاني
في القولون
الأيسر و قد
تسبب في ضيق
(انسداد معوي)
و نزف

ورم سرطاني في المستقيم
مسبب لنزيف

س – كيف يتم إجراء التنظير القولوني؟

ج – يجب أولا تنظيف القولون وإفراغه من جميع الرواسب ويتم ذلك خلال اليوم أو اليومين قبل التنظير ويُعطى المريض مهدئاً أو مسكناً للألم قبل الفحص.

يتم إدخال المنظار عن طريق فتحة الشرج ويستمر الطبيب في إدخاله بهدف الوصول إلى بداية القولون (منطقة التقاء الأمعاء الدقيقة مع الأمعاء الغليظة).

إذا رأى الطبيب أي شئ يشتبه فيه فإنه يقوم إما بإزالته تماماً، إذا أمكن، أو أخذ عينه منه.

يحتاج الطبيب أثناء الفحص إلى إدخال الهواء لنفخ القولون حتى يتمكن من رؤية الغشاء المبطن له وهذا قد يسبب للمريض بعض المضايقة أثناء الفحص وربما بعده حتى يتم إخراج هذا الهواء.

س – كم يحتاج الطبيب من الوقت لإتمام الفحص التنظيري؟

ج – يحتاج هذا الفحص غالباً إلى ما بين ٣٠-٦٠ دقيقة.

س – ما هي فوائد التنظير القولوني؟

ج – التنظير القولوني أدق من الأشعة في تشخيص حالات القولون، بالإضافة إلى أن الطبيب يستطيع أن يتخذ إجراءاً تشخيصياً (أخذ عينه Biopsy) أو إجراءاً علاجياً (إزالة بعض الأورام Polypectomy) أثناء الفحص. وهذا قد يكون كل ما يحتاج إليه المريض فيوفر بذلك على

المريض إجراء عملية كاملة في بعض الحالات. كما أن بعض النتوءات لو تركت قد تتحول إلى سرطان فإزالتها مبكراً يمنع، بإذن الله، من تحولها إلى سرطان.

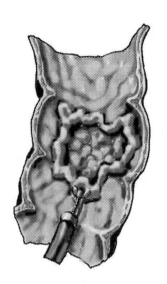

اخذ عينة بواسطة المنظار من
سرطان القولون

س – هل الطبيب الذي يجري الفحص التنظيري طبيب باطني أم جرّاح؟

ج – هذا يعتمد على الخبرة التي نالها القائم على هذا الفحص، والتدريب الذي ناله.إما أن يكون جرّاحاً أو يكون طبيباً باطنياً، إلا أنه في الغالب، تنظير القولون يكون من اختصاص الطبيب الباطني.

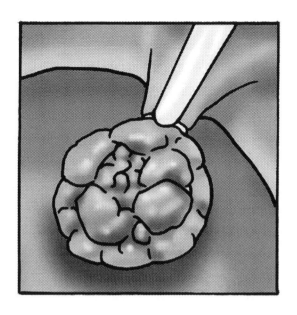

طريقة استئصال ورم او نتوء
قولوني بواسطة المنظار

س – ما الفرق بين المنظار التشخيصي والمنظار الجراحي؟

ج – المنظار الذي يستخدمه أخصائي الجهاز الهضمي هو جهاز الغرض منه بالدرجة الأولى استكشافي أي أنه يعطي صورة واقعية للغشاء المبطن للمريء والمعدة والأثنى عشر أو القولون والمستقيم إذا كان منظاراً سفلياً، وتطور فيما بعد إلى جهاز يمكن استخدامه لوقف بعض حالات النزيف أو أخذ عينات من الغشاء المبطن، أو حتى استئصال بعض الأورام الصغيرة وكذلك يمكن الاستفادة منه في استخراج بعض حصوات القنوات المرارية. وهو (أعني جهاز التنظير التشخيصي) وإن كان الذي يقوم باستخدامه أخصائي الجهاز الهضمي (أي طبيب باطني) إلا أنه يقوم به أيضاً بعض الجرّاحين. وهذا التنظير يكون إما عن طريق الفم أو فتحة الشرج.

أما جراحة المناظير ففيها يقوم الجرّاح بإدخال الكاميرا عن طريق فتحة في جدار البطن، فيرى محتويات التجويف البطني من أمعاء وطحال وكبد ومرارة وزائدة وغيرها فيقوم بإجراء العملية الجراحية عن طريقه بالاستعانة بفتحات أخرى لإدخال أدوات جراحية أخرى.

القبض (الإمساك)
Constipation

س - ما هو الإمساك؟

ج - الإمساك هو من الأعراض التي لها معنى مختلف لأناس مختلفين. عادة ما يقصد منه طول المدة بين عملية تبرز وأخرى ولكن يشمل كذلك صغر حجم البراز أو قلة كميته، الحاجة إلى التعنت للتبرز، الشعور بعدم تفريغ المستقيم تماماً عند التبرز أو الحاجة للحقن الشرجية او التحاميل او الملينات من أجل التبرز. فكل ما سبق ذكره يعتبر إمساكاً.

س - ما هي المدة الطبيعية بين عملية تبرز وأخرى؟ وهل هي متساوية بين الناس؟

ج - لا. ليست متساوية بين الناس وتختلف من ثلاث مرات في اليوم عند البعض إلى ثلاث مرات في الأسبوع عند الآخرين بل قد تطول المدة إلى مرة في الأسبوع دون ان يشعر المرء بمضايقة أو آثار مضرة.

س - ما هي المؤثرات على الإمساك أو عدد المرات التي يتردد فيها المرء إلى دورة المياه للتبرز؟

ج - بعض هذه المؤثرات لا يمكن تغييرها وهي تشمل عوامل وراثية تختلف من شخص لآخر وبعض هذه المؤثرات يمكن التأثير عليها مثل نوع الأكل - كمية السوائل - مقدار الحركة والنشاط الذي يزاوله المرء. كما أن هناك بعض الأمراض التي تسبب الإمساك.

س - هل هذه كل ما يؤثر أو يؤدي إلى الإمساك؟

ج - لا. هناك عوامل أخرى طارئة تظهر في الشخص من وقت لآخر، مثل الحمل والذي يؤدي إلى بطء حركة الأمعاء نتيجة للهرمونات التي تزيد عند الحمل. كذلك هناك السفر حيث أنه عادة ما يكون مصحوباً بتغير في نظام الأكل. ثم هناك الإخماد الإرادي المتكرر لعملية التبرز والذي عادة ما يكون سببه عدم توفر دورة المياه المناسبة، أو الألم عند التبرز (لوجود حالات شرجية مؤلمة) أو الخوف من الضرب عند الأطفال.

س - ما أكثر مسببات الإمساك ! هل بقي شيء؟

ج - نعم هناك الأسباب الأخطر وهي مثلا أورام القولون والمستقيم والشرج التي تسبب ضيقاً في المجرى نفسه وكذلك الأسباب الهرمونية مثل نقص افراز الغدة الدرقية والأسباب المتعلقة بالأمراض العصبية مثل الشلل والجلطة والتصلب الجلدي Scleroderma ومرض باركنسون

Parkinson's Disease فكل هذه يمكن أن تسبب الإمساك.بالإضافة إلى أمراض خاصة بالأطفال مثل Hirshsprung's Disease.

س – هذه في حد ذاتها قائمة طويلة لمسببات الإمساك، ولكنني سمعت من صديق لي بأن بعض الأدوية يمكن أن يكون الإمساك من آثارها الجانبية فهل هذا صحيح؟

ج – نعم. هذه أيضا قائمة طويلة وتشمل مسكنات الألم، أدوية الاكتئاب، المهدئات والأدوية النفسية الأخرى وكذلك أدوية الضغط والمدرات و حبوب الحديد والكالسيوم وكذلك مضادات الحموضة المحتوية على الألمنيوم. ثم هناك فئة تعودت على استعمال الملينات فيتعود جسمهم على هذه الملينات فإذا ما توقفوا عن استعمالها، أصيبوا بالإمساك.

س – متى يحتاج المرء إلى زيارة الطبيب بخصوص الإمساك؟

ج – إذا تغير نظام التبرز، من غير أي سبب واضح من الأسباب التي ذكرت، واستمر لمدة تزيد عن ثلاثة أسابيع (سواء زيادة أو نقص في التبرز) فعندئذ ينصح الشخص بزيارة الطبيب. وإذا كان البراز مصحوباً بالدم فيجب زيارة الجرّاح في أسرع وقت.

س – كيف يمكن تحديد سبب الإمساك؟

ج – عملية تحديد سبب الإمساك مهمة جداً، وذلك لأن أسبابه كما رأيت كثيرة، ولأن أسبابه ذات علاجات مختلفة. فلا يمكن علاجه علاجاً صحيحاً من غير معرفة السبب، كما لا يمكن علاج جميع الأسباب بعلاج واحد.

ويمكن تحديد سبب الإمساك بأخذ تاريخ هذه المشكلة، عن طريق سؤال المريض، ومن ثَم فحصه. ويشمل الفحص، فحص المستقيم وفتحة الشرج والذي يشمل، حتى يكون كاملاً فحصاً حسياً ونظرياً، بمنظار المستقيم. هذا هو كل ما هو مطلوب في أغلب الأحيان. إلا أنه في بعض الحالات، يحددها الطبيب المعالج، يحتاج المريض إلى أشعة صوتية أو أشعة ملونة أو منظار كامل للقولون أو أشعة مقطعية.

س – كيف تتم معالجة الإمساك؟

ج – تعتمد على السبب.ولكن في أغلب الحالات، والتي لا يكشف فيها عن سبب محدد، فإن العلاج يكون بزيادة الألياف النباتية (الخضار والفواكه والنخالة) في الأكل. وكذلك زيادة شرب السوائل. كما وأن الطبيب المعالج قد يطلب منك زيادة نشاطك بممارسة المشي والهرولة أو ممارسة نوع آخر من الرياضة.

س – ما هي فوائد الألياف النباتية؟ وكيف تعمل؟

ج – فوائد الألياف النباتية جمة وقد ذكرنا بعضها في حديثنا عن البواسير وهي تحمي بإذن الله من سرطان القولون بالإضافة إلى علاج البواسير والإمساك. وعملها ينبع أساسا من أنها لا تُهضَم، فتبقى في البراز تكبر حجمه وتلينه وتسرع من حركته. وهذا الإسراع يساعد على التخلص من

السموم الناتجة عن عملية الهضم وبقاء البكتيريا مدة طويلة في الأمعاء الغليظة. كما وأن الألياف النباتية تمسك بالكولسترول فتخفض نسبته في الدم والكولسترول معروف أنه من أهم المسببات لتصلب الشرايين وأمراض القلب والأوعية الدموية.

س – هذا عظيم ولكن شيئاً له كل هذه الفوائد لا بد وأن يكون له مضار جانبية أليس كذلك؟

ج – ليس للألياف النباتية أية أضرار جانبية، كما وأنها لا تسبب إمساك انتكاسي عند تركها.

س – ماذا تعني بالإمساك الانتكاسي؟

ج – عندما يتعود الإنسان على أخذ الملينات (المسهلات)، فإن القولون يتعود عليها فلا يعمل عمله الصحيح إلا بوجودها. أي أنه إذا أستعمله المرء مدة طويلة ثم تركه فإنه يعود إلى وضع من الإمساك أسوأ مما كان عليه قبل الاستعمال. و هذا الإمساك الانتكاسي لا يحدث باستخدام الألياف النباتية، فلو استخدمها المرء مدة من الزمن ثم تركها فإنه يعود إلى وضعه قبل استخدامها، أو ربما أحسن قليلاً.

الحالات الشرجية

Peri-anal conditions

س – هناك مجموعة مشاكل تصيب منطقة الشرج إلا أنها متشابهة، وقد لا يعرفها الواحد منا ما لم توضح الفوارق بينها؟

ج – كلامك صحيح. وقد يخطئ فيها بعض الأطباء من غير الجرّاحين، فما بالك بغير الأطباء•بصورة عامة، هناك ثلاث حالاتٍ غير البواسير، أعراضها متشابهة وتعتبر من الحالات الالتهابية. وذلك لأنها عادة تكون مصحوبة بالتهاب وربما صديد في بعضها ويجب التفريق بينها وبين البواسير •

س – وما هي هذه الحالات؟

ج – أولاً هناك البواسير Hemorrhoids or piles ثم الشرخ الشرجي Anal Fissure ثم الصديد أو الخرّاج الشرجي أو حول الشرجي Peril-Anal Abscess والأخيرة هي الناسور الشرجي Fistula -Anal •

س – أرجو أن تشرح لي الفرق بينهم؟

ج – لنفصل القول فيهم ابتداءً من البواسير •

البواسير

Hemorrhoids or Piles

س – ما هي البواسير؟

ج – هي تضخمات وريدية تصيب فتحة الشرج وآخر المستقيم. وتعرف أو توصف بدوالي المستقيم وفتحة الشرج.

س – هل جميعها من نوع واحد؟

ج – يمكن تقسيمها إلى نوعين، داخلية و خارجية:–

الداخلية : تتكون داخل فتحة الشرج وهي مغطاة بالطبقة المخاطية المبطنة للمستقيم.أعراضها في الغالب عبارة عن نتوء و نزيف (غير مؤلم) يظهران بعد عملية التبرز. إلا أنها قد تتسبب في ألم شديد إذا احتبست (اختنقت) خارج فتحة الشرج.

الخارجية : تتكون بالقرب من فتحة الشرج، وهي مغطاة بجلد حساس، وهي معرضة للتجلط والذي يؤدي إلى نشوء انتفاخ مؤلم جداً. وقد تتعدى هذه المرحلة وتتحول إلى نتوء جلدي.

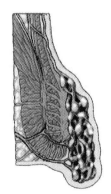

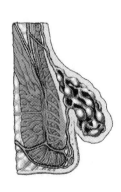

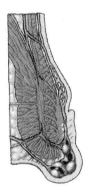

الباسور الداخلي الخارجي — الباسور الداخلي — الباسور الخارجي

س – ما هي مسببات البواسير؟

ج – هناك عدة أسباب للبواسير تختلف أهمية هذه الأسباب من شخص لآخر وهي :-

١. الوضع القائم الذي يتميزنا عن الحيوانات، يجعلنا عرضة للبواسير. وهذا يشمل وضع الوقوف أو الجلوس، حيث أن هذا الوضع يتسبب في زيادة الضغط على الأوردة في المستقيم مما يؤدي إلى تضخمها وانتفاخها. أي إلى تكوين البواسير.

٢. الإمساك المستمر (المزمن) أو الإسهال.

٣. الحمل.

٤. الولادة الطبيعية.

٥. عوامل وراثية.

٦. التعنت عند التبرز.

٧. الإطالة في الجلوس على كرسي الحمام.

٨. عوامل تتعلق بنوعية الغذاء.

العامل المشترك في أغلب هذه الأسباب هو التعنت عند التبرز. والذي يؤدي إلى شد الأغشية المساندة للأوردة، ومن ثم تتضخم هذه الأوردة ويترقق جدارها فتنزف بسهولة. وإذا زاد الشد في هذه الأغشية المساندة وتضخمت الأوردة فإنها تخرج (تظهر) من فتحة الشرج.

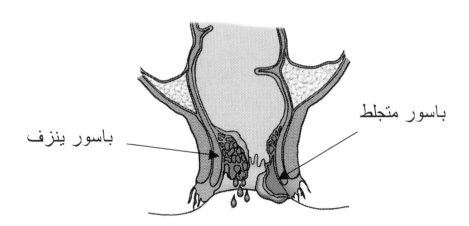

باسور متجلط

باسور ينزف

س – ما هي الأعراض المصاحبة للبواسير؟

ج – إذا ظهر عندك أي من الأعراض الآتية فمن المحتمل أن يكون لديك بواسير.

١. النزيف غير المؤلم عند التبرز.

٢. ظهور انتفاخات عند فتحة الشرج عند التبرز.

٣. الحكة الشرجية.

٤. الألم الشديد مع انتفاخ عند فتحة الشرج.

س – هل تتحول البواسير إلى (أو تتسبب في حدوث) سرطان؟

ج – لا. لا توجد أي علاقة بين البواسير والسرطان. لكن الأعراض المصاحبة للبواسير قد تشبه أعراض السرطان خصوصاً النزف والتورمات (الانتفاخات) لذا فإنه من الضروري إلا يشخص المرء نفسه إذا ظهرت عنده أي من الأعراض السابقة وإنما يجب عليه أن يذهب إلى الجرّاح للتأكد من التشخيص. لا سيما وأن كثيراً من أدوية علاج البواسير يمكن شراؤها حتى في دول متطورة (كالولايات المتحدة) من البقالات، ولا تحتاج إلى وصفة طبية.

س – كيف تتم معالجة البواسير؟

ج – هناك عدة مراحل علاجية، أو درجات علاجية، لعلاج البواسير. أبسطها، زيادة الألياف النباتية (لا الحيوانية) في الغذاء. وكذلك زيادة شرب السوائل والامتناع عن التعنت عند التبرز.

س – هذا سهل جداً، فالوجبة عندنا تحتوي على الأرز أو الخبز أو المعكرونة بأنواعها، وهذه كلها نباتية أو مصنعة من الدقيق، فلماذا نصاب بالبواسير؟

ج – أما خبز البر فمعك حق ، هذا جيد للحماية من البواسير. ولكن كل الباقي الذي ذكرته، وإن كان نباتيا أو مشتق من النبات فإنه لا يحتوي على أهم مادة للحماية من البواسير، وهي النخالة أو الألياف النباتية. فالأرز الذي نأكله هو مزال القشرة (أي لا يحتوي على ألياف) والخبز الأبيض وكذلك المعكرونة مصنعة من الدقيق الأبيض وهو أيضاً منزوع القشرة.

س – و ما الفرق؟

ج – قشرة الحبوب، أو النخالة، أو الألياف النباتية، تحتوي على مادة السليولوز Cellulose ، وهي نفس المادة الموجودة في الخشب، والتي لا يهضمها الإنسان، وإنما تهضمها الحيوانات آكلة العشب. فتحولها إلى السكر، ومن ثم تستفيد منها. أما الإنسان فلا يهضمها ولا تتغير، فتبقى أليافا كما هي. فتتسبب في كبر حجم البراز وليونته ومن ثم تساعد على سهولة التبرز.

س – هذا بالنسبة للغذاء.فماذا غير ذلك؟

ج – ليس بعد.لم ننته من الغذاء.فهناك جميع النشويات مثل الكعك والبسكويت، ما لم تكن مصنوعة بالنخالة، وكذلك البطاطا، فهي خالية من النخالة.

س – وهل بقي شئ آخر في الغذاء؟

ج – نعم هناك المأكولات الحارة مثل الفلفل والشطة وكذلك البهارات الحارة.

س – وما علاقتها بالنخالة؟

ج – ليس لها علاقة بالنخالة ولكنها تسبب تهيجاً في منطقة المستقيم والذي يسبب تورماً في الغشاء المبطن المجاور للبواسير ومن ثم تضخمها وبروزها.

س – وماذا أبقيت لنا بعد ان منعتنا من كل هذه المأكولات؟

ج – لا يتوجب عليك أن تمتنع عن هذه المأكولات كلياً(عدا الحَوار) و يمكنك ان تأكلها، ولكن يجب أن تحرص على إضافة بعض الألياف النباتية في وجبتك، مثل الخضار والفواكه والنخالة، وبالنسبة للخضار والفواكه فإن الألياف موجودة أكثر ما تكون في الخضار الورقية او قشرة الخضار والفواكه، فيجب أكلها بقشرتها إذا كانت هذه القشرة تؤكل.

س – ثم ماذا؟

ج – عدم التعنت عند التبرز وعدم الإطالة في الحمام والغسل بالماء البارد حيث أنه يؤدي إلى انكماش البواسير إذا كانت متضخمة.

س – هذه فقط النواحي الغذائية وربما لا تعالج إلا نسبة بسيطة من البواسير. أليس كذلك؟

ج – **لا**. هذا اعتقاد خاطئ فالإجراءات السابقة وان كانت بسيطة إلا أنها تعالج أكثر من٩٠% من حالات البواسير. ولا يحتاج إلى علاجات أخرى إلا أقل من ١٠% من الذين يعانون من البواسير.

س – وما هي هذه العلاجات الأخرى؟

ج – هناك الربط والحقن والعملية الجراحية (الاستئصال) وعلاجات أخرى تختلف من جرّاح لآخر.

س – هل أتوقع باستخدام هذه العلاجات البسيطة أن تزول البواسير ويزول الألم؟

ج – وجود الألم الشديد مع البواسير (غير ألم حرقان أو حكة)، غالباً يدل على وجود مضاعفة من مضاعفات البواسير، مثل الجلطة داخل الباسور أو وجود مشكلة أخرى مثل الشرخ أو الناسور أو الخُرّاج الصديدي.

أما الجلطة (التي تحدث في البواسير)، فإنها تحتاج إلى عملية بسيطة بالتخدير الموضعي. وأما المشاكل لأخرى فسنتطرّق إليها بإذن الله في مناقشات أخرى.

س – حدثني لو سمحت عن طرق العلاج الأخرى؟

ج – سأحدثك ولكن بشرط ألا تتعجل في الإقدام عليها، فكما قلت لك، أكثر من ٩٠% من الحالات تعالج بدونها. وكذلك يجب أن تعلم بأنه ما من تدخل جراحي إلا وله مضاعفات. وبعض الجرّاحين، هدانا الله وإياهم، مشرطهم حاد وجاهز. فيبدأون به قبل العلاجات التحفظية التي ذكرتها. ذلك أما لظنهم أنهم يريحون المريض بشكل سريع.أو لملء جيوبهم بشكل سريع. وكما قلت سابقا، كل تدخل وله مضاعفات.

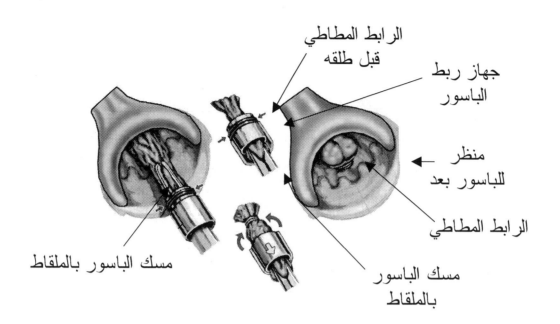

الرابط المطاطي
قبل طلقه

جهاز ربط
الباسور

منظر
للباسور بعد

الرابط المطاطي

مسك الباسور
بالملقاط

مسك الباسور بالملقاط

س – ما هي هذه العلاجات؟

ج – بعد اتباع العلاجات التحفظية، وإعطائها فرصتها، هناك الربط.والربط عبارة عن مطاط صغير يربط به الباسور فيختنق ويسقط بعد يومين أو ثلاثة. ويلتئم الجرح خلال أسبوع أو اثنين.

س – لماذا لا تستخدم هذه الطريقة في كل البواسير، فهي تبدو بسيطة وسهلة؟

ج – أولاً، هذه الطريقة لا تنفع في كل البواسير، وإنما فقط في البواسير الداخلية والتي منطقتها غير مؤلمة.أما إذا أخطأ الجرّاح واستعملها في باسور خارجي فإن ذلك يسبب ألماً شديداً. والسبب الآخر، أن هذه الطريقة قد تتسبب في حدوث بعض المضاعفات أو النزيف.

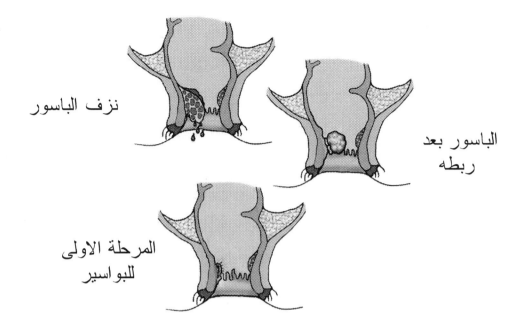

نزف الباسور

الباسور بعد ربطه

المرحلة الاولى للبواسير

س – والطريقة الأخرى؟

ج – الحقن. وذلك بحقن الباسور بمادة تسبب انكماشه.

س – و ما مشاكلها؟

ج – إذا أخطأ الجرّاح في الحقن فخرج عن الباسور فإن ذلك يؤدي إلى ألم، وربما نزيف.

س – ما هو العلاج الجراحي؟أقصد الاستئصال؟

ج – هو بالفعل استئصال ويحتاج إما إلى تخدير كامل او نصفي، وتنويم في المستشفى.

س – متى يحتاج المرء إلى استئصال البواسير؟

ج – إذا لم تُجدِ الطرق الأخرى.

س – ما هي مضاعفاتها؟

ج – الحمد لله نسبة وقوع المضاعفات ضئيلة ولكنها موجودة. وهي عبارة عن نزيف ،ألم ، ضيق في فتحة الشرج أو عدم تحكم في الصمام الشرجي وهذا تختلف درجته من عدم تحكم في خروج الريح إلى عدم تحكم في البراز.

س – لماذا لا تعالج كل الذين يعانون من البواسير بالاستئصال؟

ج – للأسباب السابقة. أعني إحتمال وقوع المضاعفات التي ذكرتها بالإضافة إلى سبب مهم وهو أن البواسير ليست مثل الزائدة أو المرارة. فالزائدة والمرارة إذا تم استئصالها فإنها لا تتكرر. بينما

البواسـير تتكـرر إذا بقي المسبب لهـا. فلـذلك لا أحـب الاستعجـال بـإجراء العمليـة قبـل إعطـاء العلاجات الأخرى فرصة.

س – سمعت أن هناك علاج للبواسير بالليزر، فما فعاليته؟ وهل هو أفضل من الاستئصال؟

ج – هنـاك بعـض الكلمـات البراقـة واللامعـة التـي يحـب استعمالها بعـض الجرّاحين لاجتـذاب المرضى، ومن أبرزها " الليزر". فالعلاج بالليزر فعاليته مثل الاستئصال.

الشرخ الشرجي
Anal fissure

___

س – **حسناً . ما معنى الشرخ وما أسبابه؟**

ج – الشرخ، عبارة عن جرح بسيط، إلا أنه يحدث في منطقة حساسة جداً، وهى فتحة الشرج .

س – **وهل هو جرح عميق أم سطحي؟**

ج – هو في الغالب جرح سطحي، ولكنه إذا لم يعالج فإنه يربي حوله أليافا ويصعب علاجه بعد ذلك بدون عملية جراحية .

س – **إذاً، هناك نوعان من الشروخ؟**

ج – نعم . هناك الشرخ الحاد Acute Anal Fissure، والشرخ المزمن Chronic Anal Fissure .

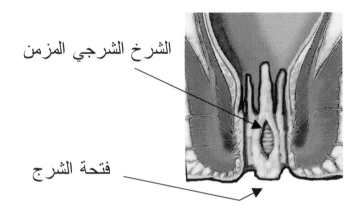

الشرخ الشرجي المزمن

فتحة الشرج

س – **وما الفرق بينهما؟**

ج – الفرق بينهما، أن الحاد يكون جديداً والمزمن مدته طويلة. وقد يتكون شرخ حاد في شرخ مزمن Acute on Chronic أي أن الإنسان يعاني من شرخ مزمن ويحدث في ذلك الشرخ المزمن شرخ حاد أو جرح جديد يسبب ازدياد الألم .

س – **هل هذا هو الفرق الوحيد بينهما؟ أي مدة معاناة المريض؟**

ج – لا . هذا أحد الفوارق . الفرق الآخر هو أن الشرخ الحاد عبارة عن جرح جديد

فيكون مصحوباً بتورم واحتقان Oedema وهو أحد خصائص الجروح الحادة أو الالتهابات الحادة. أما الشرخ المزمن فيكون مصحوباً بتليف Fibrosis ٠

س – وماذا بعد؟

ج – هناك فارق آخر، وهذا يهم المريض بالدرجة الأولى، وهو مدى الاستجابة للعلاج اللاجراحي٠ فالشرخ الحاد يستجيب لهذه العلاجات في ٩٠% من الحالات، ولا يحتاج إلى علاج جراحي إلا في ١٠% من الحالات بينما هذه النسبة معكوسة في الشرخ المزمن. أعنى أنه فقط ١٠% منها تستجيب، أو يمكن علاجها بدون عملية٠

س – وما سبب الشروخ؟

ج – السبب الرئيسي هو الإمساك٠ فالغائط إذا كان كبير الحجم ومتحجراً فإنه يجرح فتحة الشرج عند خروجه٠

س – ولكن الشرخ كما قلت جرح، فلماذا لا يشفى كما تشفى الجروح في بقية الجسم وتنتهي معاناة المريض؟

ج – هناك عدة أسباب لذلك :

فأولاً المنطقة كما تعلم، أي منطقة الشرج، بطبيعتها أكثر اتساخاً من غيرها من أجزاء الجسم وذلك، كما لا يخفى عليك، لأنها معرضة لمرور الغائط منها. والغائط كما تعلم أغلبه بكتيريا فما إن تنتظف حتى يمر عليها أو يكون قريب منها بكتيريا ٠

س – نعم فهمت، وهذا فعلاً سبب مهم ٠

ج – نعم ولكنه ليس الأهم ٠

س – وكيف؟

ج – هذا الذي ذكرت، وإن كان مهما، إلا أن الأهم منه هو الحلقة المتسلسلة من الأسباب والمسببات التي تأخذ مجراها عند حدوث الشرخ ٠

س – وما هي؟

ج – تبدأ هذه الحلقة بحدوث الشرخ، والشرخ كما قلنا مسبقاً، يسبب ألماً شديداً والألم يجعل المريض، سواءً إرادياً أو لا إرادياً، يتجنب دخول الحمام للتغوط. والذي بدوره يتسبب في بقاء الغائط في المستقيم مدة طويلة، والذي يتسبب في امتصاص الماء من الغائط مما يؤدى إلى زيادة في يبوسة الغائط. فإذا ما اضطر المريض إلى التغوّط كانت النتيجة غائطاً كبيراً ومتحجراً يتسبب في تحديث الجرح أو الشرخ الذي بدأ، أو حاول، أن يلتحم ٠

س – هذا بالنسبة للشرخ الحاد، فماذا بالنسبة للمزمن؟

ج – نفس القصة، إلا أنها تتكرر لمدة أطول حتى تتكون الألياف على الشرخ فيصعب علاجه بغير الجراحة ٠

س – وهل العلاج اللاجراحي هو نفسه المستخدم في الشرخ الحاد والمزمن؟

ج – نعم ٠

س – وما هو؟

ج – يمكنك استنتاج طريقة العلاج من تلك الحلقة التي ذكرت٠

س – وهل تعنى أن العلاج فقط هو إعطاء المريض مسكن للألم؟

ج – هذا جزء مهم في العلاج، وربما نفع، بإذن الله، من غير علاجات أخرى، إلا أن الأهم منه، والذي يمنع حدوث شرخ جديد في المستقبل، هو إزالة السبب، وهو الإمساك، وذلك بإعطاء المريض مليناً٠

س – إذاً، فالمسهّل فقط يستخدم في العلاج؟

ج – أولاً، أنا لم أقل مسهلاً، بل قلت ملييناً، وهناك فرق بينهما. وثانياً، من الأفضل والأسرع والأريح بالنسبة لعلاج هذه الحالات، مهاجمتها من عدة جهات٠ أعني إعطاء الملين وتسكين الألم في نفس الوقت٠

س – كلامك يبدو معقولاً وأكثر رحمة بالمريض٠ ولكن اشرح لي ما الفرق بين المسهل والمليّن. ولماذا تفضل المليّن على المسهّل؟

ج – المسهل هو مادة تؤدى إلى زيادة غير طبيعية في تقلصات القولون (الأمعاء الغليظة). مما يؤدى إلى تحريك محتوياته (الغائط)، فيدفعه إلى المستقيم. وقد يسبب انفجار القولون إذا أُخذ بكمية كبيرة، أو كان الغائط متحجراً ومتسبباً في انسداد كامل في المستقيم٠ فالقوة الدافعة تواجه بانسداد ومقاومة تامة من المجرى الطبيعي، فلا تجد حلاً لتفريغ هذه القوة إلا جدار القولون في منطقة ضعف فيه ٠

أما الملين فإنه أليافا نباتية لا تهضم، وتقوم بامتصاص السائل الموجود في الأمعاء فينتفش المحتوى فيكبر٠ وإذا ما كبر يقوم بدوره، وبطريقة طبيعية، بدفع الغائط إلى المستقيم دون أي زيادة غير طبيعية في تقلصات القولون. فلا يُخشى منه إحداث انفجار في القولون٠ وأنت تعرفني، فأنا أحب الشيء الأقرب للطبيعي دائماً٠

س – حسناً، لنعد لعلاج الشرخ اللاجراحي٠ كيف يتم استخدام الملين والمسكن، وما نوع المسكن؟

ج – تأثير الملين واضح فهو يلين الغائط، ويقلل من نسبة تحجره للأسباب السابقة٠ أما المسكن، فإنني أفضل أن يُستخدم مسكن موضعي، أي أن تأثيره فقط في منطقة الألم، فلا يدخل في الجسم، وبالتالي، ليس له أضراراً جانبية تذكر ٠

س – وكيف يؤخذ المسكن الموضعي؟

ج – يمكن أخذه على شكل مرهم، يوضع على الشرخ. ويمكن أخذه على شكل تحميلة ٠

س – وهل مفعوله بالطريقتين سواء؟

ج – مفعولهما سواء، شريطة أن يؤخذا بالطريقة الصحيحة.

س – وكيف ذلك؟

ج – التحميلة تؤخذ، بطبيعة الحال، عن طريق فتحة الشرج، في المستقيم.

س – ولكن الشرخ في فتحة الشرج، وليس في المستقيم، أليس كذلك؟

ج – نعم ولكنه إذا أُدخل في المستقيم، فإنه يذوب بسبب حرارة الجسم، فيسيح منه ما يكفي إلى فتحة الشرج لتسكين الألم.

س – وبالنسبة للمرهم، يوضع على الشرخ مباشرة أليس كذلك؟

ج – نعم. ولكنني أفضل أن يستخدم المريض التحميلة بدلاً من المرهم.

س – ولماذا؟ خاصة وأنك ذكرت أن تأثيرهما واحد.

ج – لا. أنا قلت إن تأثيرهما واحد إذا استخدما بالطريقة الصحيحة. وبالنسبة للتحميلة، فما على المريض إلا أن يدخلها في المستقيم فإذا فعل ذلك فقد استخدمها استخداماً صحيحاً وسينعم بفائدتها.

س – والمرهم، ما على المريض إلا أن يضعه على الشرخ؟ أم أنا مخطئ؟

ج – لا. كلامك صحيح نظرياً، ولكن من الناحية العملية هذه الأدوية لا تُستخدم إلا عند اللزوم، أي عند الشعور بألم. وإذا كان هناك ألم عند فتحة الشرج، أي عند الشرخ، فمن الصعب على المريض أن يضع المرهم عليه مباشرة. فالذي يحصل أن المريض يتجنب مكان الألم فيضع المرهم بالقرب منه وليس عليه.مما يؤدى إلى عدم استفادته منه استفادة كاملة.

س – وكم يستخدم المريض هذه العلاجات، أعني الملين والمسكن، قبل أن تحكم عليها بالنجاح أو الفشل؟

ج – من المتوقع أن يشعر المريض بتحسن خلال يومين أو ثلاثة أيام. ويتوقع أن يشفى الشرخ تماماً خلال عشرة أيام إلى أسبوعين. فإذا بقى الألم مستمراً بعد أسبوع من العلاج، أو لم يشف تماماً خلال أسبوعين إلى ثلاثة، فيجب عليه مراجعة الطبيب للتأكد من صحة استخدام العلاج أو صحة التشخيص أو الحاجة إلى العلاج الجراحي.

س – وماذا تقصد من صحة التشخيص؟ هل الشرخ يصعب تشخيصه؟

ج – لا. الشرخ سهل التشخيص حيث أنه يسبب ألماً شديداً عند فتحة الشرج، ويمكن رؤيته بسهولة، ولكنه بذلك يمنع تشخيص ما وراءه فنظراً لشدة الألم لا يستطيع الجرّاح في بعض الأحيان حتى إلى فحص المستقيم بالإصبع، ناهيك عند الفحص بمنظار المستقيم Proctoscopy. وقد يكون في داخل المستقيم مشكلة أخرى، لم يستطع الجرّاح أن يشخصها في الزيارة الأولى لهذا السبب.

س – وإذا اعتبرنا أن العلاج نجح، أعني العلاج اللاجراحي. فماذا توصي المريض بعد ذلك حتى لا تتكرر الحالة؟

ج – أوصيه بتفادي الإمساك، وذلك باستخدام الملين لمدة ستة أسابيع، بالإضافة إلى الإكثار من الخضار والفواكه والنخالة وجعلها جزءاً من نظام حياته الطبيعية في الأكل.

س – وماذا عن المسكنات؟

ج – المسكنات لا تؤخذ إلا عند اللزوم، أي الأيام الأولى فقط. فإذا سكن الألم ولم يعاود المريض فلا داعي لها.

س – في حالة عدم نجاح العلاج اللاجراحي، ما هي العملية التي تجرى للمريض؟

ج – إذا أجريت العملية في حالة الشرخ الحاد، فإنه يكفي فقط قطع الصمام الشرخي السطحي، ولا حاجة للتعرض للشرخ نفسه. أما في حالة الشرخ المزمن، فيضاف إلى ذلك استئصال الشرخ المزمن.

س – ولماذا الفرق بينهما؟

ج – لأن الشرخ الحاد عبارة عن جرح. فلا داعي لاستئصال جرح وترك آخر مكانه. أما المزمن، فكما ذكرت لك، هو يربي أليافا حوله، فيصعب عليه اللحام الطبيعي، فيستأصل حتى يتحول إلى جرح جديد يمكنه اللحام.

س – وكيف يقطع الجراح الصمام الشرجي؟ ألا يتسبب ذلك في ترك المريض في حالة لا يستطيع فيها التحكم بالغائط؟

ج – الصمام الشرجي مكون من ثلاثة أجزاء. والذي يقطعه الجرّاح هو السطحي فقط. وقطع هذا فقط، وبصوره سطحية، عادة لا يتسبب في أضرار جانبية، بينما يخفف الألم المصاحب لانقباضه بسبب وجود الشرخ بالقرب منه.

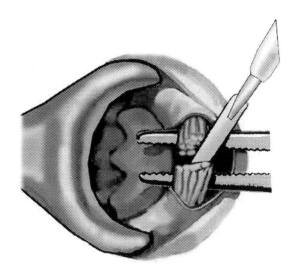

عملية شق الصمام السطحي لعلاج
الشرخ الشرجي

س - وهل يبقى المريض في المستشفى مدة طويلة بعد العملية؟

ج - عادة يخرج في اليوم التالي. أو حتى في اليوم نفسه .

س - وما هي التعليمات التي تُعطى له؟

ج - ينصح بالإكثار من أكل الألياف النباتية والسوائل، كما يعطى مليناً لمدة أسبوعين أو ثلاثة، ومسكناً للألم لمدة يومين أو ثلاثة، حتى يزول الألم . ويراجع العيادة بعد حوالي ثلاثة إلى أربعة أسابيع بعد العملية، للتأكد من سلامة المريض ونجاح العملية .

س - وما الأضرار المصاحبة لهذه العملية؟

ج - في العادة، تعتبر هذه العملية بسيطة ولا تكون مصحوبة بأضرار كبيرة، إلا أن المريض قد يشكو في الأيام الأولى، التالية للعملية، بعدم التحكم في الريح. وهذا مقبول، ولكن إذا زاد الجرّاح في القطع، وقطع الصمامات العميقة، فقد ينتج عن ذلك عدم التحكم في الغائط السائل أو حتى الصلب . ولذا نحرص دائماً على قطع الصمام السطحي فقط .

الخرّاج الصديدي الشرجي
Perianal Abscess

_____

س – هذا بالنسبة للشرخ الشرجي. فما هي المشكلة التالية التي ذكرتها؟

ج – هي الخرّاج الصديدي الشرجي، أو المجاور للشرج أو حول الشرج.

س – وما سببه؟

ج – يتكون هذا، نتيجة لالتهاب الغدد المخاطية المبطنة لأسفل المستقيم والقناة الشرجية التي تفرز مادة مخاطية تسهل مرور الغائط في أسفل المستقيم، ومنه خلال فتحة الشرج. فإذا التهبت هذه الغدد المخاطية، فإنها تتضخم، ويتحول المخاط بداخلها إلى صديد.

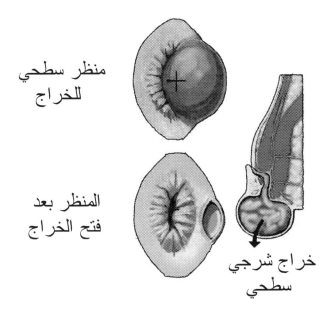

منظر سطحي للخراج

المنظر بعد فتح الخراج

خراج شرجي سطحي

س – وماذا يحدث لهذا الصديد بداخل هذه الغدة؟

ج – إما أن يتغلب عليه الجسم فيختفي، أو أن ينفجر إلى داخل المستقيم والقناة الشرجية، دون أن يدرى بوجوده المريض. وإما أن ينفجر في المنطقة المحيطة بالمستقيم، فيظهر الالتهاب في الخارج، ويكون مصحوباً بألم واحمرار في المنطقة المحيطة بفتحة الشرج. وإذا لم يعالج فإنه قد يؤدى إلى تسمم دموي Septicemia.

س – وكيف يعالج هذا التجمع الصديدي أو الخرّاج؟

ج – في بداية الأمر، عندما يكون الإلتهاب بسيطاً، يمكن علاجه بمغطس الماء المالح، بالإضافة إلى المضاد الحيوي وذلك طبعاً بعد الكشف عند الجرّاح.

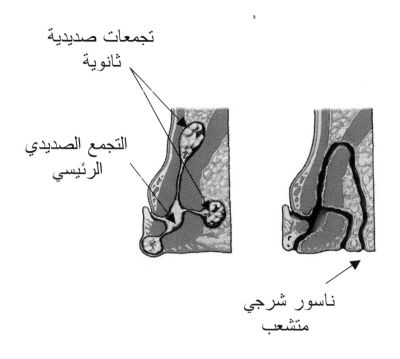

تجمعات صديدية
ثانوية

التجمع الصديدي
الرئيسي

ناسور شرجي
متشعب

س – وإذا لم تجدِ هذه الطريقة اللاجراحية، فما العمل؟

ج – ليس أمام الجرّاح إلا العملية.

س – ما العملية التي يقوم بها الجرّاح في هذه الحالات؟

ج – العملية هي بكل بساطة، فتح الخرّاج وتصريف الصديد.

س – وهل هذه تتم بالتخدير الموضعي أو الكامل؟

ج – هذا يعتمد على حجم التجمع، وقربه من سطح الجلد. فإن كان صغيراً وقريباً من الجلد، فبالإمكان علاجه بالتخدير الموضعي. وإلا فيحتاج إلى تخدر كامل. وكذلك طبعاً نوعية المريض تلعب دوراً مهماً في اختيار طريقة الفتح. فإن كان طفلاً أو كبيراً، ولكنه لا يتحمل، أو لا يود تحمل أي ألم، فإنهم يحتاجون إلى تخدير كامل.

س – وهل تنتهي المشكلة عند هذا الأمر؟

ج – نعم بالنسبة للخرّاج أو الصديد، بالإضافة طبعاً إلى الاستمرار في عمل المغطس بالماء المالح، مرتين أو ثلاث، يومياً، حتى يخف الالتهاب المحيط بالجرح.

س – وهل يحتاج المريض إلى مضاد حيوي مع هذا؟

ج – هذا بتقدير الجرّاح. فإن كان الالتهاب كله في الصديد، فإخراج الصديد يكفي. وإن كان في الأغشية المحيطة، ولم يتحول إلى صديد، فإنه يحتاج إلى مضاد حيوي لمدة أسبوع.

س – لقد جاوبتني على السؤال الأسبق بأن المشكلة تنتهي بالنسبة للخرّاج، فماذا تعني بذلك؟ هل تعني أن المشكلة لم تنتهي بشكل كامل؟

ج – نعم. عملية فتح الخرّاج وتصريف الصديدُ، وإن كان يخلصك من الصديد. إلا أنه يحول المشكلة، أو قد يحولها إلى ناسور شرجي Peri-anal fistula .

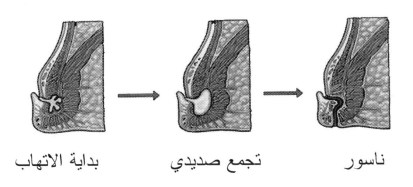

ناسور   تجمع صديدي   بداية الالتهاب

طريقة تحول الالتهاب الشرجي الى تجمع صديدي و من ثم ناسور

س – وكيف ذلك؟

ج – الناسور الشرجي، هو عبارة عن طريق موصل من المستقيم، أو القناة الشرجية، إلى خارج الجسم، في المنطقة المحيطة بفتحة الشرج. وهذا الخرّاج، كما ذكرنا، يتكون في القناة الشرجية. أي أنه متصل بالقناة الشرجية. فإذا فتحناه إلى الخارج لإخراج الصديد فإنه يصبح موصل بين القناة الشرجية والمنطقة المحيطة بفتحة الشرج. أو بمعنى آخر، يتحول إلى ناسور شرجي، هذا على الأقل نظرياً ولمدة مؤقتة.

س – وماذا تعني بذلك؟

ج – أعني أن فتح الخرّاج في هذه الحالات، يكون نتيجته في كثير من الحالات تكون ناسور شرجي لدى المريض، يظهر بعد فترة.

الناسور الشرجي
Peri-anal fistula

س – وهذا يقودنا إلى الحديث عن الناسور الشرجي فحدثني عنه.

ج – أما ما هو؟ وكيف يتكون؟ فقد تكلمنا عنه. ولذا سنقوم بالحديث عن أنواعه وتشخيصه وعلاجه.

س – وهل النواسير الشرجية كلها سواء؟

ج – الناسور منه البسيط ومنه المتشعب ومنه السطحي ومنه العميق ومنه المباشر ومنه الملتوي.

س – وكيف يعرف ذلك؟

ج – يعرف مبدئياً بالفحص. فيرى الجرّاح الفتحة الخارجية للناسور. كما أنه في الحالات السطحية، يمكنه أن يحس الناسور نفسه تحت الجلد.

س – وإذا لم يستطع أن يتبين إن كان الناسور سطحياً أو عميقاً أو بسيطاً أو متشعباً؟

ج – يمكنه عمل أشعة بالصبغة، فتبين مسار الناسور.

مجرى الناسور
الشرجي تحت الجلد

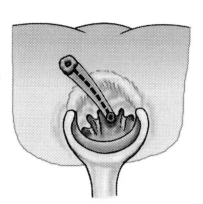

س – وهل له علاج لا جراحي؟

ج – يمكن تخفيف الألم والالتهاب المصاحب له، باستخدام مغطس الماء المالح، ولكن هذا حل مؤقت ولا يعالج الناسور الذي إذا تكون فليس له علاج إلا الجراحة.

س – وكيف يكون هذا العلاج الجراحي، أعني كيف تكون العملية؟

ج – تكون العملية بفتح الناسور للخارج، أي قطع كل الأنسجة بين الناسور والجلد، وربما استدعي ذلك قطع بعض أجزاء من الصمام الشرجي.

س – وإذا كان الناسور عميقاً أو عالياً، كما يقولون High Fistula، فماذا يفعل الجرّاح؟

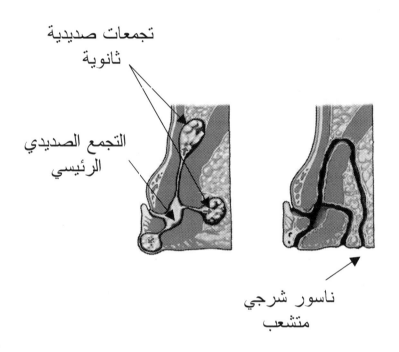

تجمعات صديدية ثانوية

التجمع الصديدي الرئيسي

ناسور شرجي متشعب

ج – في هذه الحالات تكون العملية التقليدية غير نافعة، أو مصحوبة بأضرار جانبية كبيرة، حيث أنها تؤدى إلى قطع الصمام كاملاً لو أجريت، وهذا يؤدي إلى عدم التحكم في التغوط.

س – فما الحل إذاً؟

ج – يقوم الجرّاح في هذه الحالات، بتحديد مكان ومسار الناسور بقضيب معدني دقيق. ويستخدم هذا القضيب لتمرير خيط من الحرير غليظ في مجرى الناسور. يترك هذا الخيط مع المريض لعدة أسابيع، أو حتى شهور، حتى يشق طريقه إلى الخارج. فكأن الجرّاح شق الطريق ولكن بصورة بطيئة جداً، تسمح للجزء المقطوع بأن يلتحم، قبل قطع الجزء الذي يليه. فيحفظ مريضه من المعاناة من عدم التحكم في التغوط.

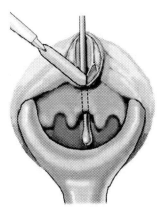

فتح مجرى الناسور
الشرجي

س – وكم يبقى المريض في المستشفى بعد العملية؟

ج – هذا يعتمد على حجم الجرح ولكنه عادة يكون بين يومين إلى ثلاثة أيام بعد العملية.

س – وماذا بقي في العلاج؟

ج – بقى أهم شئ. فبالإضافة إلى مسكنات الألم الموضعية والمسكنات التي تؤخذ عن طريق الفم، حسب الألم الموجود فإن أهم جزء في العلاج هو الاستمرار في استخدام مغطس الماء المالح مع الحرص على منع الجرح من الإقفال من ناحية طبقة الجلد، ولكن المطلوب منه هو أن يلتحم من الطبقات العميقة ثم السطحية حتى تكون طبقة الجلد آخر طبقة تقفل.

س – ولماذا؟

ج – لأنه لو قفل الجلد أولاً فإن الناسور يعود فيتكون من جديد.

س – وكيف نمنع ذلك؟

ج – كلما استخدمت المغطس تقوم بتدليك الجرح فبذلك تمنع الجلد من أن يقفل أولاً.

أورام القولون (الأمعاء الغليظة) والمستقيم
Colo-rectal tumors

س – لقد زار أحد أصدقائي طبيباً وكان يعاني من نزيف يخرج من فتحة الشرج فقال له الطبيب أنه يعاني من سرطان في القولون فهل هذا صحيح؟

ج – ربما كان التشخيص صحيحاً وربما لم يكن ولكن أسلوبه في التشخيص إن صدق صديقك خاطئ. فهناك عدة أسباب لما يسمى بنزف المستقيم أو نزيف الجهاز الهضمي السفلي وليست كلها سرطانية بل إن أكثرها غير سرطانية. فلا ينبغي تخويف المريض قبل التأكد من التشخيص.

س – وما هي أسباب نزيف الجهاز الهضمي السفلي؟

ج – قد يكون السبب نزيف غزير من الجهاز الهضمي العلوي مثل دوالي المريء والقرحة المعدية أو الإثنى عشرية إذا كان مفرطاً فإنه يظهر على أنه نزيف من الجهاز الهضمي السفلي وكذلك بعض الأورام في الأمعاء الدقيقة وإن كانت قليلة ونادرة. ثم هناك التهابات الأمعاء الدقيقة أو الغليظة. وكذلك النتوءات أو اللحميات التي قد تصيب الأمعاء الدقيقة أو الغليظة. وهناك أيضاً التشوهات الخلقية المتعلقة بالاوعية الدموية في جدار الأمعاء، خصوصاً الغليظة. وقبل كل هذا هناك البواسير التي تحدثنا عنها في موضع آخر. و أخيراً هناك الأورام السرطانية في القولون.

س – ولماذا ذكرتها في آخر القائمة؟ هل لأنها غير منتشرة عندنا؟

ج – لا. للأسف هي منتشرة عندنا كما في الغرب أو أشد وكذلك هي تصيب المرضي عندنا في سن مبكرة مقارنة بغيرنا ولكنني ذكرتها في آخر القائمة لأن أمرها مخيف بالنسبة للمريض فلا ينبغي ذكرها أو تشخيصها إلا بعد التأكد من عدم وجود أسباب أخرى للنزيف المعوي.

س – لقد تحدثنا عن الأسباب الأخرى المهمة والمسببة للنزيف المعوي. فهلا حدثتني عن أورام القولون والمستقيم؟

ج – وماذا تريد أن تعرف عنها؟

س – هل كلها أورام خبيثة؟

ج – لا بالطبع. فالقولون والمستقيم أمرهما كغيرهما من أجزاء الجسم معرض للإصابة بالأورام الحميدة والخبيثة.

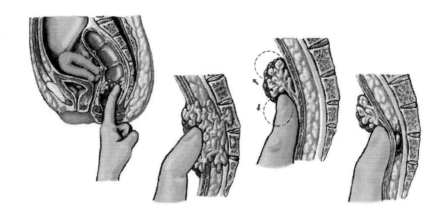

الفحص الشرجي بالاصبع في حالة
سرطان المستقيم

س – ولماذا تذكر القولون والمستقيم دائماً مترادفين كأنهما متشابهان؟

ج – هو لذلك السبب · فهما متشابهان في التركيب وكذلك هما معرضان لعوامل متشابهة ·

س – وماذا تقصد بعوامل متشابهة؟

ج – أعني نوعية الأكل والسموم الغذائية والبكتيريا والسموم البكتيرية والإمساك وخلافه ثم هناك عوامل وراثية تؤثر فيهما بدرجة متشابهة ·

س – وماذا في الأكل قد يؤدي إلى حدوث هذه الأورام؟

ج – كثرة الشحوم الحيوانية وقلة الألياف النباتية بالإضافة طبعاً إلى السموم الغذائية والتي تشمل المواد المضافة للأكل والتي تصل في نهاية المطاف إلى جوف المريض ·

س – مثل ماذا؟

ج – مثل المبيدات الحشرية التي تستخدم في حفظ الخضراوات والفواكه من افتراسها من قبل الحشرات أو الأسمدة الكيميائية التي تساعد على نمو الثمار وتحسين حجمها ومظهرها وتكثير عددها · فهذه كلها يبقى منها بواقي مهما غسلت ونظفت تصل إلى مائدة الفرد منا ·

س – اللهم احفظنا · هذا مخيف ·

ج – لأزيدك من الشعر بيتاً فأنا لم انته بعد ·

س – اكثر من هذا؟

ج – نعم · فهناك المواد الحافظة والصبغات والنكهات الصناعية التي تضاف إلى الأطعمة المعلبة لحفظها مدة طويلة ولإكسابها المظهر والطعم المرغوب من قبل الزبون ·

س – وهل ثبت أن هذه تؤدي إلى السرطان؟

ج – بالطبع لا. وإلا فلم يكن لهم أن يضعوها في الأطعمة. ولكن كلها أجريت تجاربها على حيوانات وبكميات محدودة مهما كثر تركيزها ولمدة محدودة. ولا يستطيع أحد أن يُجري تجارب على هذه المواد على الإنسان ولمدة غير محدودة فأقل ما يقال أن هذه المواد يجب أخذها بحذر شديد وتفادي أخذها من غير حاجة وبأقل الكميات.

س – حسناً لنبدأ بالأورام الحميدة. فحدثني عنها؟

ج – هي عادة تبدأ على شكل نتوء أو لحمية في جدار الأمعاء الغليظة أو المستقيم.

س – وإذا كانت صغيرة فكيف للمريض أن يعلم بوجودها؟

ج – إذا كانت صغيرة فلا يدري بها المريض، إلا في بعض الحالات عندما تنزف أو تتسبب في تقلصات غير عادية تظهر عند المريض على شكل مغص. وقد تظهر فقط عند إجراء منظار للقولون لسبب آخر، أو للتأكد من عدم وجود لحمية في القولون عند بعض العائلات التي تعاني من مرض وراثي يتسبب في ظهور هذه النتوءات، وقد تكلمنا عنها بعض الشيء في موضوع المنظار القولوني.

س – صدقت. فلا داعي للإعادة هنا. ولكن إذا كبر حجم هذه اللحميات فكيف تظهر؟

ج – إذا كانت في المستقيم وقريبة من فتحة الشرج فقد تخرج أي تتدلى من فتحة الشرج يحسها المريض ويعيدها للداخل وربما تسبب ذلك في جرحها والنزيف.

س – هذا بالنسبة للقريبة من فتحة الشرج. فماذا عن البعيدة عنها؟

ج – بالنسبة للبعيدة عنها فإنها قد تنزف أيضاً فيشكو المريض من نزيف معوي سفلي أو قد تتسبب في تقلصات غير عادية ومغص وربما إذا زاد حجمها أو كانت في الجزء الأيسر من القولون ربما تتسبب في انسداد معوي.

س – ولماذا خصصت الجزء الأيسر من القولون لهذا الانسداد؟

ج – الجزء الأيمن من القولون هو المتصل مباشرة بالأمعاء الدقيقة ولذا فإنه يستقبل الغائط على شكل سائل ومن أهم وظائف القولون امتصاص الماء المتبقي فيه وتتم هذه العملية بطول القولون أي ابتداء من منطقة الـ Caecum مروراً بالقولون الصاعد ثم المستعرض ثم الهابط ثم الـ Sigmoid ثم المستقيم. فإذا وصلت المحتويات إلى الجزء الأيسر(القولون الهابط والـ Sigmoid والمستقيم) تكون في حالة أكثر صلابة. فإذا وجد مع هذه الصلابة جسم كبير الحجم فإنه يضيّق المجرى فينحبس الغائط ولا يستطيع المرور. ويتسبب في انسداد معوي.

س – هذا بالنسبة للقولون الأيسر فماذا يحدث في القولون الأيمن؟

ج – لا يحدث هذا الانسداد إلا نادراً.

س – هل تعني، وإن كنا نعوذ بالله من الإصابة بأي منهما، أن الإصابة بالسرطان في القولون الأيمن أفضل من الإصابة به في القولون الأيسر نظراً لعدم تعرض المريض للانسداد المعوي؟

ج – الإصابة بالانسداد المعوي قد تكون نعمة في بعض الأحيان للذي يصاب بالسرطان حيث أنها تؤدى إلى مراجعة الطبيب والذي يحدث في القولون الأيمن هو أن الورم يزداد حجمه وربما انتشر إلى بقية الجسم دون أن ينتبه له المريض.

س – وكيف يكون ذلك؟ إذا كبر الورم ألا ينزف؟

ج – في هذه الحالات يكبر وينزف ولكن عادة يكون النزيف غير مرئي وغير واضح لأنه بكميات صغيرة أو لأنه يختلط بالغائط فلا يظهر.

س – ولكن ألا يؤدي ذلك إلى أعراض؟

ج – نعم النزيف البطيء المستمر يؤدي إلى فقر دم ولذا فإن هؤلاء عادة يراجعون الطبيب بسبب فقر الدم أو أعراض نابعة منه مثل الدوار أو الضعف العام أو التعب عند أقل جهد.

س – أراك تحولت إلى الأورام الخبيثة دون سابق إنذار. ألم يكن حديثنا عن الأورام الحميدة؟

ج – صدقت. هذا خطئي ولكن سبب ذلك أن أغلب الأورام الخبيثة تبدأ حميدة ثم تتغير فتكون أعراضها متشابهة مع الحميدة ولا يمكن في أكثر الحالات التأكد من نوعيتها إلا بعد أخذ عينة وفحصها مجهرياً.

س – لا بأس. المهم أن نحيط بالموضوع كاملاً. هؤلاء، أعني الذين يصابون بالأورام الخبيثة في القولون الأيمن، ألا يتمكن الطبيب من كشف أي علامات تدل على أصابتهم بذلك قبل أخذ العينة وفحصها مجهرياً؟

ج – بلى. فهناك أولاً أخذ تاريخ المرض والذي يظهر وجود الآم أو عدم ارتياح عام في البطن أو تغير في نوعية أو لون الغائط وربما تغير بين إمساك وإسهال وربما حتى رؤية الدم. ثم يأتي بعد ذلك الفحص السريري. فعند فحص الوجه، قد يظهر شحوب عند المريض. وعند فحص البطن، ربما لاحظ الطبيب وجود كتلة أو ورم غير طبيعي في البطن. وكذلك فحص المستقيم، قد يظهر لحمية أو ورم أو حتى دم يظهر على إصبع الطبيب مع الغائط بعد فحص المستقيم. كل ذلك يدل على وجود هذه الأورام، و يدعو الطبيب لإجراء بعض الفحوصات الأخرى للتأكد مما يشتبه فيه.

س – مثل ماذا من الفحوصات؟

ج – مثل تحاليل الدم وتحليل الغائط، للتأكد من وجود الدم غير المرئي. ثم هناك منظار القولون.

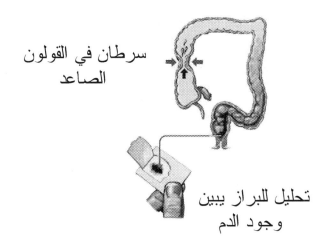

سرطان في القولون
الصاعد

تحليل للبراز يبين
وجود الدم

س - وماذا عن منظار المستقيم؟

ج - نعم صدقت. كان من الواجب أن اذكره في الفحص السريري لأنه اصبح الآن من الفحوصات الروتينية بالنسبة للأعراض المتعلقة بالجهاز الهضمي السفلي خصوصاً إذا وجد الطبيب بعد فحص المستقيم ما يدعو أليه.

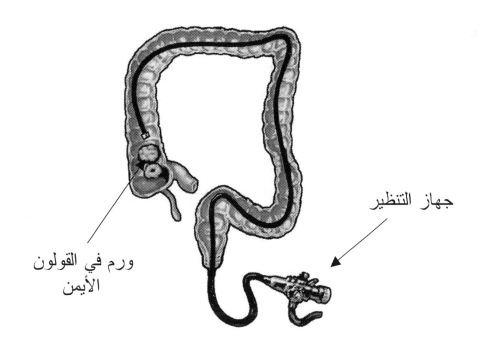

جهاز التنظير

ورم في القولون
الأيمن

س – هل منظار القولون مهم؟

ج – نعم وقد ذكرناه في موضعه ولكن باختصار تتمثل أهميته في أنه يمكن بواسطة رؤية مكان النزيف وأخذ عينة من أي ورم أو لحمية أو منطقة مشتبه بها كما أنه يمكن به إتمام عملية العلاج إذا تم استئصال المنطقة المشتبه بها كاملة وظهر أنها حميدة أو حتى خبيثة ولكنها محدودة وتم استئصالها كاملة .

س – هل تقصد أن الأورام الحميدة إذا تم استئصالها فإنها لا تحتاج إلى علاج آخر؟

ج – نعم في أغلب الأحيان ولكن هذا لا يعني أنك لا تحتاج إلى مراجعة الطبيب وربما إعادة المنظار بين الحين والآخر مثلاً بين ٦ شهور إلى سنة للتأكد من عدم المعاودة أو عدم ظهور نتوءات أو لحميات جديدة.

س – وما العمل لو تبين أن الورم أو اللحمية لا سمح الله تبين بعد فحصها مجهرياً أنها خبيثة؟

ج – هذا الأمر يحتاج إلى تفصيل .

س – لأي سبب؟

ج – لأنه يعتمد على حجم الورم ومكانه ومدى انتشاره وطريقة ظهوره.

س – أرجو أن تفصل؟

ج – أما بالنسبة لحجمه، فكما سبق وأن قلت، إن كان الورم صغيراً ومحتوًى في اللحمية وتم استئصاله كاملاً بالمنظار، فلم يبق إلا المتابعة مع الطبيب مع إعادة المنظار . علماً بأنه لا بد من إجراء فحص كامل بالمنظار وقت اكتشافه حتى تتأكد من عدم وجود غيره. وإن كان الورم صغيراً إلا أننا لم نستطع استئصاله كاملاً بالمنظار، فيحتاج إلى استئصاله بالعملية الجراحية. وكذا الحال إن كان كبيراً ولكن في حدود تمكننا من استئصاله دون تعريض المريض لأضرار أكبر سأتولى ذكرها فيما بعد، إن شاء الله.

س – هذا بالنسبة للحجم. ولكن ما دخل مكان ظهور الورم في كيفية علاجه؟

ج – إذا كان الورم في بداية القولون، أعني القولون الأيمن في منطقة الـ Caecum أو القولون الصاعد، فإنه يتم استئصال النصف الأيمن من القولون مع نهاية الأمعاء الدقيقة Right Hemi-Colectomy، ومن ثم توصيل الأمعاء الدقيقة بالقولون المستعرض. وأما إن كان في القولون الهابط أو الـ Sigmoid، فيتم استئصال النصف الأيسر من القولون Left Hemi-Colectomy، وإيصال ما تبقى من القولون بعضه ببعض. وأما إن كان في أعلى المستقيم، فيمكن استئصال الورم مع ما حوله من المستقيم وشبك الـ Sigmoid بالمستقيم المتبقي. ولكن إذا وجد الورم في أسفل المستقيم فالوضع مختلف.

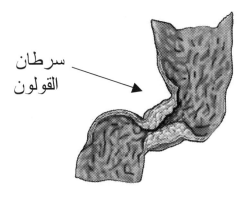

سرطان القولون

س – كيف ولماذا؟

ج – في هذه الحالة يتوجب على الجرّاح استئصال المستقيم مع فتحة الشرج لأنه لا يوجد لدى المريض ما يوصل به القولون المتبقي.

س – ولماذا لا يوصل هذا القولون المتبقي إلى فتحة الشرج؟

ج – لأنه لا يمكن العناية به في هذه المنطقة.

س – إذاً بماذا يوصله؟

ج – يوصله بجدار البطن Colostomy حتى يتمكن من تفريغ محتوياته في كيس يلصق بجدار البطن Colostomy Bag يقوم المريض بتفريغه كلما امتلأ.

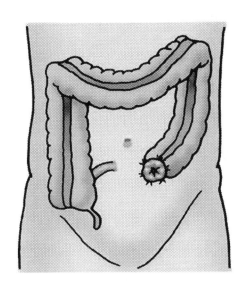

توصيل الامعاء الى الجدار البطني

س – وهذا الكيس بالطبع مؤقت ٠ أليس كذلك؟

ج – لا٠ بالنسبة لحالات كهذه فالكيس يكون دائماً. وإنما يكون الكيس مؤقتاً في حالات يرجى إراحة الأمعاء أو البطن فترة حتى يخف الالتهاب وتنظف الأمعاء ثم يوصل بعد ذلك٠

س – أرجو أن تشرح لي قليلاً عن هذا الكيس وكيف يوضع؟

ج – توصل نهاية القولون إلى الجزء السفلي الأيسر من البطن وتحاط هذه الفتحة بمادة تلتصق بجدار البطن وتحميه من الغائط المنكب حول الفتحة كما وأن له حلقة يتركب عليها الكيس كما هو موضح بالرسم٠ ويقوم المريض بتفريغ الكيس كلما دعت الحاجة إلى ذلك أو تغييره إذا لم يعد صالحاً للاستعمال٠

س – بقي أن تشرح لي علاقة مدى انتشار الورم بنوعية العلاج أو العملية التي يحتاجها المريض؟

ج – انتشار الورم إما أن يكون في موضعه فقط كاللحمية مثلاً أو شاملاً للجدار أو جزء منه أو منشراً للغدد الليمفاوية التابعة للقولون أو لتلك الغدد الثانوية أو للأعضاء المجاورة أو للكبد أو للتجويف البطني أو حتى للأعضاء خارج البطن مثل الرئة والمخ والعظام٠

طريقة تركيب الكيس

س – وكيف تعالج هذه؟

ج – من الصعب التفصيل في هذه الأنواع كلها. ولكن أقول باختصار بأن الجرّاح يستأصل ما يمكن استئصاله، وبأخذ أقل ما يمكن من الأعضاء السليمة. آخذاً في الاعتبار تقليل نسبة المعاودة. وقد يحتاج إلى إضافة العلاج الكيميائي. وقد يصل الأمر إلى أن يقرر الجرّاح بأن الحالة ميئوس منها إذا رأى أن تدخله جراحياً قد يؤدي إلى أضرار تفوق المنافع من تدخله، وذلك طبعاً عند انتشار الورم.

س – وكيف يعرف الجرّاح مدى الانتشار؟ هل يعرف ذك فقط عند فتح بطن المريض؟

ج – هنا يتبين لي ولك الجرّاح الماهر من غيره.

س – فسر لي هذه المقولة، لو سمحت؟

ج – لقد تطور العلم وتطورت وسائل التشخيص فلا يعذر الجرّاح المتواجد في المستشفى من الدرجة الأولى في مدينة كبرى لا يعذر في عدم الوصول إلى التشخيص أو على الأقل عدم توقعه قبل فتح البطن إلا في حالات نادرة جداً وبعد إجراء ما يمكن أن يساعده قدر المستطاع من وسائل التشخيص قبل العملية.

س – ولكننا في السعودية، ولسنا في مستوى الغرب من ناحية الإمكانيات التشخيصية. أليس كذلك؟

ج – نعم ليس كذلك. فبلادنا ولله الحمد متطورة إلى حدٍ كبير. ومستشفياتنا من ناحية الإمكانات التشخيصية مماثلة لأغلب مستشفيات الغرب. وأغلب هذه الوسائل التشخيصية موجودة منذ سنوات، فهي ليست وليدة السنة أو السنين الأخيرتين، مثل تحاليل الدم والأشعة السينية والأشعة الصوتية والأشعة النووية والأشعة المقطعية والرنين المغناطيسي. فهذه كلها موجودة في أغلب مستشفياتنا الكبيرة الحكومية، وكذلك في كثير من المستشفيات الخاصة بل وحتى في كثيرٍ من مجمعات العيادات والمراكز الطبية الخاصة. فلذلك عذرك غير مقبول ويجب الوصول إلى التشخيص ومدى انتشار الورم قبل الوصول إلى غرفة العمليات في أغلب الحالات.

س – حسناً. بقي فقط علاقة طريقة ظهور المرض بطريقة العلاج ماذا نعني بذلك؟

ج – أعني بذلك أن المريض إذا جاء للعلاج من مشكلة حادة كالنزيف الشديد أو الانسداد المعوي الحاد فإنه ليس بإمكان الجرّاح إجراء كل ما يحتاج إليه من فحوصات قبل العملية. فالعملية في هذه الحالة تكون إسعافية وفى هذه الحالات يحتاج الجرّاح إلى معالجة السبب المباشر أي استئصال الورم ولا يستطيع إعادة توصيل القولون بعضه ببعض.

س – وماذا يفعل في هذه الحالة. فلا يمكن أن يبقى القولون دون إيصاله بعضه ببعض فأين يذهب الغائط؟

ج – في هذه الحالات يقوم الجرّاح بتوصيل القولون بجدار البطن ليفرغ في كيس خارجى.

س – ولكن بصورة مؤقتة أليس كذلك؟

ج – بلى، في هذه الحالات يكون الكيس مؤقتاً حتى يخف الالتهاب والسبب الآخر هو أن القولون لم يتم تنظيفه كما هو معتاد قبل العملية وفى هذه الحالات لا يمكن إيصال بعضه ببعض حتى لا يكون هناك ضرر وعدم لحام لهذه التوصيلة مما يؤدي إلى صديد وتسمم، فلذلك الأفضل إلا يقوم الجرّاح بتوصيله في هذه الحالة المستعجلة،

س – وإلى متى يعيش المريض بهذا الكيس حتى يتم إزالته وتوصيل القولون؟

ج – عادة يكون ذلك بين شهرين إلى ثلاثة أشهر بعد العملية الأولى،

س – وبالطبع فإن المريض يحتاج إلى متابعة بعد العملية، كأي عملية أخرى أليس كذلك؟

ج – بلى، هناك تحاليل دم تعمل بشكل دوري كما أن المريض يحتاج إلى منظار للقولون كل ستة أشهر في السنة أو السنتين الأوليين ثم كل سنة بعد ذلك،

س – وما هي تحاليل الدم تلك؟

ج – بالطبع هناك التحاليل العامة مثل كريات الدم والهيموجلوبين. ثم هناك تحاليل تدل على عودة الورم الخبيث. ثم هناك تحاليل تدل على انتشاره إلى الكبد، وهى وظائف الكبد أو تحليل أنزيمات الكبد والمادة الصفراء Bilirubin،

س – حسناً كلها أعرفها أو على الأقل سمعت بها إلا التحاليل التي تدل على عودة الورم الخبيث، فهل هناك بالفعل تحاليل تدل على عودة الورم الخبيث؟

ج – في الواقع هو تحليل واحد في حالة أورام القولون الخبيثة وهو ما يختصر بـ C E A واسمه كاملاً هو Carcino Embryonic Antigen وهو مفيد لمعرفة عودة الورم الخبيث،

س – ولماذا تقول " عودة الورم الخبيث "؟ ألا ينفعنا هذا التحليل في معرفة وجود المرض الخبيث وبذلك يغنينا عن المنظار والتحاليل الأخرى؟

ج – في الواقع ذكرت أنه يفيد في معرفة عودة الورم الخبيث لأن هذه هي أكثر فوائده، حيث أنه قد يكون مرتفعاً وقد لا يكون مرتفعاً وقت التشخيص. ويفضل عمله حينذاك لمعرفة مستواه، ثم إعادته بعد العملية بشهرين أو ثلاثة أشهر حيث يفترض أن يختفي تماماً إذا تمت إزالة الورم تماماً. وعندئذٍ تتضح فائدته حيث أنه بعد ذلك إذا ارتفع فإنه يدل على عودة الورم، فينبغي إعادته كل ستة أشهر إلى سنة، أو إذا ظهر أثناء فحص المريض وقت المراجعات ما يدل على عودة الورم،

س – هذا جميل جداً، وهل هناك تحاليل مشابهة لأورام خبيثة أخرى؟

ج – نعم، مثل سرطان البروستاتة وسرطان الثدي وسرطان الكبد وغيرها،

س – لماذا نهتم كثيراً بمعرفة وصول أو انتشار الورم إلى الكبد أو الرئة، أعني قبل العملية؟

ج – لأن هذا يدل على انتشاره إلى بقية الجسم، هذا من ناحية، ومن ناحية أخرى يدلنا على أن الاستئصال الكامل للورم لن يكون مفيداً بغرض التخلص الكامل من الورم،

س – ولماذا لا نستأصل أماكن انتشاره كذلك، أي مع استئصال الورم؟

ج – هذا يمكن عمله إذا كان الانتشار إلى بقعة أو بقعتين في الكبد أو الرئة. أما إذا كان الانتشار مستفحلاً فإن هذا يعني استئصال جزء كبير من الكبد أو الرئة والذي لا يمكن العيش بدونهما، فيقع فيما ذكرته من قبل، عندما قلت إزالته تؤدى إلى أضرار أكبر من تركه.

س – لنفترض أن المريض يراجع الطبيب، وظهر أن الورم عاد. فما هي الإجراءات بعد ذلك؟

ج – نفس الإجراءات السابقة. أي أنه يتأكد من المعاودة ثم يكتشف مدى انتشاره ثم يقيّم الوضع ويقدّر إمكانية الاستئصال أو لا.

أورام الثدي

Breast lesions

س – ماذا يعني الطبيب عندما يقول بأن المرأة عندها ورم في الثدي؟

ج – يعني غالباً أن عندها كتلة مختلفة في ملمسها وسماكتها عن بقية الثدي.

س – هل يعني هذا أن عندها سرطان في الثدي؟ وهل هو أحد الأعراض التي يعاني منها مرضى سرطان الثدي.

ج – لا يعني هذا بالضرورة أن عندها سرطان الثدي. ولكن نعم، هو أحد أعراض سرطان الثدي، كما أنه أحد أعراض الأورام الثديية الحميدة (أي اللاسرطانية).

س – أيهما أكثر انتشاراً الأورام الحميدة أم الخبيثة؟

ج – الأورام الحميدة، بلا شك، أكثر انتشاراً من الخبيثة.

س – إذاً فلا داعي للقلق لمن وجدت ورماً في ثديها؟

ج – أنا لم أقل ذلك. وإنما قلت بأن الأورام الثديية أكثرها حميد، ولكن أنىَّ للمريضة من غير أن تكون طبيبة، أو حتى إن كانت طبيبة ولكن غير متخصصة في هذا المجال، أنىَّ لها أن تميز بين الورم الحميد والخبيث.

س – فماذا تفعل إذاً؟

ج – تذهب إلى الطبيب المتخصص في أمراض الثدي.

س – وهل يستطيع الطبيب بمجرد سؤال المريضة وأخذ تاريخ المرض، أو حتى بالفحص، تحديد نوع الورم الذي تعاني منه؟

ج – الطبيب الذي يشخص ورماً في الثدي، بمجرد سؤال المريض، وأخذ تاريخ المرض، ظالم لنفسه وللمريض. أما إذا أضاف الفحص لما سبق فإنه يستطيع في بعض الأحيان (إعتمادا على الله ثم خبرته) أن يحدد نوع الورم. وهذا عبارة عن توقع ولكن مبني على الخبرة.

س – لقد قلت في بعض الأحيان، فلماذا؟ ألا يستطيع من خبرته أن يحدد ذلك في كل، أو أكثر الأحيان؟

ج – قلت ذلك لأنه في بعض الأحيان يكون الورم واضح أنه حميد، أو واضح أنه خبيث. ولكن في الغالب يكون في ما يسمى بالمنطقة الرمادية، أو قريبة منها. فيجب على الجرّاح أن يقوم بإجراء أشعة للثدي (mammogram)، أو بعض الفحوصات الأخرى.

س – ولماذا أشعة الثدي؟ أليس الفحص أدق من الأشعة؟

ج – الفحص ضروري، حيث أنه يوضح بعض علامات الأورام، لتحديد ما إذا كانت سرطانية أو حميدة. ولكن الأشعة سلاح آخر مفيد جداً حيث أنها تبين هي الأخرى بعض العلامات التي تساعد الطبيب للوصول للتشخيص الصحيح. كما أنها (أي الأشعة) قد تكشف ورماً أخراً غير المحسوس باليد، أو تكشف منطقة مشتبهة أخرى، غير التي يتوقعها الطبيب أو المريض. وربما تكون هذه المنطقة في نفس الثدي المعني أو حتى في الثدي الأخر.

س – هل هناك ما هو أدق من أشعة الثدي؟

ج – تعتبر أشعة الثدي من أدق الفحوصات لأورام الثدي بدون أي تدخل جراحي أو عينة بالإبرة. وتزداد دقتها إذا كانت مصحوبة بأشعة صوتية (فوق صوتية ultrasound).

س – إذا كان الورم مصحوباً بألم، فهل هذا يعني ذلك أنه خبيث؟

ج – لا. ليس بالضرورة. فهناك الكثير من الأورام الحميدة، أكثر ألماً من الخبيثة. كما أن هناك الكثير من الأورام الخبيثة، غير مصحوبة بأي ألم.

س – وماذا عن خروج الدم من الحلمة؟ هل هذا يدل على أن الورم خبيث؟

ج – هذا أيضا لا يدل على أنه خبيث. فأغلب حالات خروج الدم من الحلمة تكون في الأورام الحميدة. إلا أنه قد يحدث أيضاً مع الأورام الخبيثة. فلذلك يجب التأكد.

س – إذاً فلا بد من زيارة الطبيب في كل الحالات. أليس كذلك؟

ج – نعم. ويفضل أن يكون من ذوي الاختصاص في مجال أورام الثدي.

س – ما هي بعض الأورام الحميدة الأكثر شيوعاً؟

ج – هناك الكتلة الليفية الغدّية Fibroadenoma والتليف الكيسي Fibrocystic Disease، كما أن هناك الكتلة الدهنية و تعرف كذلك بالكيس الشحمي Lipoma والغدة الدهنية Sebaceous cyst والغدة اللمفاوية Lymph Node والموت الدهني Fat Necrosis والخرّاج الصديدي Abscess.

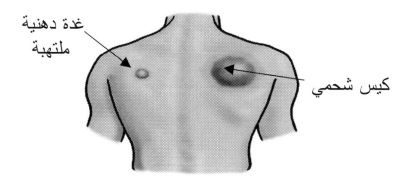

غدة دهنية ملتهبة

كيس شحمي

س – هذه أنواع كثيرة، والحمد لله أنها حميدة. ولكن كيف يميز الجرّاح بينها؟

ج – التمييز بينها يعتمد على الخبرة طبعاً، ولكن أيضاً يحتاج إلى أخذ تاريخ المرض والفحص، وأحياناً بعض الفحوصات المبدئية.

فمثلاً الكتلة الليفية الغدّية Fibroadenoma تظهر عادة في السنين المبكرة مثلا من سن ١٨–٢٥ سنة، و هي واضحة الحدود ومؤلمة في كثير من الأوقات.

والتليف الكيسي Fibrocystic Disease يظهر عادة في سن من ٣٥–٤٥ سنة، ويكون غير واضح الحدود ومؤلم، خاصة حول فترة الدورة الشهرية. والكتلة الشحمية Lipoma محدودة وغير مؤلمة وبطيئة النمو. والغدة الدهنية Sebaceous cyst جزء من الجلد وليست من الثدي، و هي كروية الشكل ومؤلمة إذا التهبت.

والغدة اللمفاوية Lymph Node عادة تكون في منطقة الإبط، وهي في الغالب ظاهرة ثانوية.

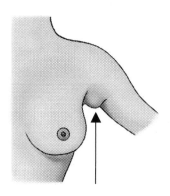

كتلة في الابط

س – ماذا تعني بظاهرة ثانوية؟

ج – أعني أنها تظهر في الغالب نتيجة لمرض آخر في الثدي. إما أن يكون التهاباً، أو لا قدر الله، سرطاناً. لأن هذه العقد تعتبر بمثابة غرف التفتيش في الجسم. فأي التهاب أو سرطان، ينتقل أول ما ينتقل، من منطقته إلى أقرب هذه العقد منه. ويبدأ الجسم هناك في معاينته، ويحاول مقاومته، فتتضخم العقدة في هذه العملية.

س – سبحان الله، هذا جميل ! أكمل لو سمحت، أنواع الأورام الحميدة؟

ج – ثم هناك الموت الدهني.

س – كيف يحدث هذا الموت؟ وماذا تعني به؟

ج – المعني بذلك، أن المرأة تتعرض لضربة قوية في الثدي، تتأثر منه خلايا الثدي والخلايا الدهنية حولها فتموت تلك الخلايا، وتتشكل على شكل كتلة، وربما تتحول بعدها إلى صديد.

س – وماذا عن الخرّاج الصديدي؟ كيف يحدث؟ وما سببه؟

ج – قد يحدث كما أسلفنا نتيجة لموت بعض الخلايا، أو (وهذا هو الأكثر سبباً) نتيجة لالتهاب حاد أو مزمن.

س – ما هي الالتهابات المزمنة التي تعنيها؟

ج – الالتهاب المزمن هو ذلك الالتهاب الذي يبقى مدة طويلة، ولا يكون مصوباً بسخونة أو احمرار، وربما لا يدري بوجوده المريض نفسه. ومثاله الدرن أو السل Tuberculosis.

س – كنت أظن أن السل أو الدرن لا يأتي إلا في الرئة، فهل يصيب الثدي كذلك؟

ج – كما أسلفنا فإن العقد اللمفاوية منتشرة في الجسم. وهي محطات التفتيش، فغالباً إذا أصاب الدرن الثدي فإنه يكون نتيجة لإصابة عقدة لمفاوية في الثدي، قضى عليها الالتهاب (الدرن)، وتحولت إلى صديد. وليست كل إصابات الدرن للجسم مقصورة على الرئة؟

س – ما هو سبب الالتهابات الحادة التي تصيب الثدي؟

ج – أهم سبب، وأكثرها انتشاراً، هو الالتهاب الناتج عن الرضاعة.

س –كيف يحدث هذا؟

ج – أثناء الرضاعة تحدث جروح في الحلمة تدخل عن طريقها بعض البكتيريا فتسبب التهاباً. وإذا تطور هذا الالتهاب ينتج عنه تجمع صديدي.

س – هذا بالنسبة للأورام الحميدة، أو غير الخبيثة. ولكن كيف تظهر الأورام الخبيثة؟ وما أعراضها؟

ج – للأسف، الأورام الخبيثة تشبه في أعراضها الأورام الحميدة، فهي تظهر على شكل ورم. وقد تكون، أو لا تكون، مصحوبة بإفرازات من الحلمة، أو ألم.

س – إذاً كيف نفرق بينها وبين الأورام الحميدة؟

ج – هذه ليست مهمتك ولا مهمة المريض. كما سبق وأن قلت لك، هذه مهمة الجرّاح ذي الخبرة في تشخيص وعلاج أورام الثدي، فهو سوف يستعين، بعد الله، بالتاريخ المرضي والفحص، وكذلك التحاليل والأشعة، بالإضافة إلى خبرته السابقة للوصول إلى تشخيص.

س – كيف يستفيد الجرّاح من التاريخ المرضي في تقرير ما إذا كان هذا الورم خبيثاً أو لا؟

ج – أولاً، من ناحية كيفية ظهوره ومدة مكوثه وسن المريضة وتاريخها المرضي. ثم هناك بعض النساء أكثر احتمالاً لأن يحصل عندهن مثل هذه الأورام مقارنة بغيرهن.

س – هل تقصد أن هناك عوامل تجعل المرأة أكثر عرضة للإصابة بورم خبيث مقارنة بغيرها؟

ج – نعم، هذا بالضبط ما أعنيه.

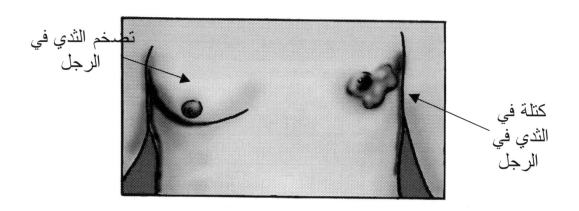

تضخم الثدي في الرجل

كتلة في الثدي في الرجل

س – ومن هم؟

ج – دعني أولاً أعطيك نبذة عن سرطان الثدي. حسب الإحصاءات الأمريكية فإن واحدة من بين كل ٨-٩ نساء يتوقع أن تصاب بسرطان الثدي. وهذه نسبة ليست بالصغيرة، فهي تعادل حوالي ١٢% من النساء. والسن المتوسط للإصابة هو ٦٠ سنة.

س – هل هذه النسبة مشابهة لها في السعودية؟

ج – للأسف، لا توجد إحصاءات دقيقة في السعودية، وذلك لعدة أسباب. ولكن يتوقع أن النسبة أقل بعض الشيء من هذه، في الوقت الحاضر، إلا أنها من المتوقع أن تزداد.

س – ولماذا أنت متشائم وتتوقع أن تزداد؟

ج – أتوقع أن تزداد زيادة حقيقية وزيادة ظاهرية. فأما الزيادة الحقيقية، فلأننا نقلد الغرب في كثير من عاداته، مثل المأكولات واستعمال الهرمونات وتأخر الزواج والإنجاب والرضاع الصناعي.

وكذلك لأن متوسط السن في السعودية (بالنسبة للمصابات بسرطان الثدي) أقل من ٦٠ بكثير، فهي قد تصل إلى حوالي الـ ٤٠ سنة.

وأما الزيادة الظاهرية، فهي لأن الكثير من الناس أكثر اطلاعاً ومعرفة و ثقافة اليوم عنهم بالأمس، فهم بصورة عامة أسرع في استشارة الطبيب. بينما في الماضي ربما ماتت المرأة بسبب سرطان الثدي من غير أن يعرف أقرب الناس أليها ما كانت تعانيه حتى ماتت وهذا طبعاً يرجع إلى الطبيعة المحافظة عندنا، خصوصاً وأن المرأة لا ترغب في أن تكشف وجهها لغير محارمها. فما بالك بمنطقة حساسة كهذه.

س – وما هي المأكولات، أو ما يؤخذ كعلاج، مما قد يزيد الإصابة، أو إحتمال الإصابة، بسرطان الثدي؟

ج – لقد أحسنت إذ استدركت فقلت " أو إحتمال الإصابة " حيث أن هذه الحقائق تؤخذ عن طريق دراسة مجموعة من الناس. فيجدون نسبة أكبر ممن يفعل كذا أو يأكل كذا، يصاب بكذا. فلا نستطيع أن نجزم بأن المرأة التي تأكل كذا تصاب بسرطان الثدي. ولكن نقول بأن نسبة أكبر من النساء اللواتي يأكلن كذا يصبن بسرطان الثدي مقارنة بالنساء اللواتي يمتنعن عن أكل ذلك الشيء.

س – فما هي هذه الأشياء؟

ج – طبيعة الأكل الغربي بصورة عامة، وأكل الدهون بصورة خاصة، لها علاقة بالإصابة بسرطان الثدي. وبعض الهرمونات مثل الاستروجين(Estrogen)عندما يعطى كعلاج، خصوصاً بالنسبة للائي يئسن من المحيض، وخصوصاً إذا أعطي بجرعات عالية ولمدة طويلة. وكذلك شرب الكحول.

س – وهـــل حبـــوب منـــع الحمـــل تعتبـــر مـــن هـــذه العوامـــل؟

ج – على الأقل، حتى الآن، لا يبدو أن لحبوب منع الحمل أي زيادة في نسبة الإصابة بسرطان الثدي.

س – أشرت إلى أن هذا المرض له علاقة بالحياة الغربية، أو أنه على الأقل يقع أكثر هناك. ولكنني سمعت أن نسبة الإصابة في اليابان قليلة، مع أن اليابان يعتبر من الدول المتقدمة فلماذا؟

ج – كلامك صحيح. ولكن هناك عوامل أخرى وراثية وغير ذلك. فمثلاً في الولايات المتحدة الأمريكية هناك فرق بين نسبة الإصابة بين البيض والسود. فالبيض أكثر إصابة. وأما بالنسبة للمثال الذي ذكرت، أي اليابان، فإن الكثيرين يربطون ذلك بصغر حجم الثدي في اليابانيات. فكلما زاد حجم الثدي، زادت عدد الخلايا فيه، وكلما زادت الخلايا زاد احتمال وقوع السرطان في أحد الثديين. ومع ذلك قد تكون هناك أسباب أخرى مثل نوع الأكل والظروف البيئية.

س – هل أصابه المرأة بسرطان الثدي يزيد من احتمال إصابة قريباتها؟

ج – للأسف نعم. فإن المرأة تكون أكثر عرضة للإصابة في حالة إصابة أمها أو أختها بسرطان الثدي. وتزيد أكثر وأكثر، إذا كانت قريبتها أصيبت في سن مبكرة، أو في الثديين أو إذا أصيبت أكثر من واحدة من قريباتها.

س– وما هي العوامل في المرأة نفسها التي تزيد من احتمال إصابتها؟

ج – بالإضافة إلى ما سبق ذكره. فإن المرأة إذا أصيبت بسرطان في ثدي فإنها تكون أكثر عرضة من غيرها بالإصابة بسرطان في الثدي الأخر. وكذلك الإصابة ببعض أنواع التليف الثديي، وإصابة المرأة بسرطان الرحم يجعلانها أكثر عرضة للإصابة بسرطان الثدي والعكس.

س – وما هي العوامل التي قد تتعلق بالهرمونات من الجسم نفسه؟

ج – العانس أكثر إصابة من غيرها. وكذلك المرأة المتزوجة إذا لم تنجب قبل سن ٣٥ سنة. وكذلك بدء الطمث في سن مبكرة (دون ١٢ سنة) واستمراره لسن متأخرة (بعد ٥٠ سنة) كل ذلك يجعل المرأة أكثر عرضة للإصابة. وهي كلها متعلقة بالاختلافات الهرمونية المصاحبة لتلك الحالات.

س – كفانا حديثا عن أسباب الأورام الخبيثة ولكن كيف يمكن لأحد أن يستفيد من هذه المعلومات في التشخيص؟

ج – أولاً تنصح المرأة بالفحص الدوري للثدي وذلك قبل بدء الدورة الشهرية وبعدها.

س – ولكن في ذلك مشقة.أتريد المرأة أن تذهب إلى الطبيب مرتين في الشهر لفحص ثديها؟

ج – لا يا أخي.أنا لم أكمل بعد. المطلوب كما فهمت فحص الثديين مرتين في الشهر ولكن ليس من قبل الطبيب ولكن من قبل المرأة نفسها. فهي التي تقوم بذلك الفحص.

س – ولكن كيف تقوم بذلك؟ وما الذي تبحث عنه؟

ج – تقوم المرأة بذلك بالنظر، ثم بالفحص اليدوي. فأما النظر، فتقف المرأة أمام المرآة وتنظر إلى ثدييها. وتستطيع أي امرأة أن تميز بعض الاختلافات الأساسية، مثل تغير اللون أو الحجم أو ظهور بروز في منطقة من مناطق الثدي أو اختلاف واضح بين الثديين. وهذا طبعاً يشمل الحلمة ومنطقة الإبط. بعد ذلك تقوم المرأة بالفحص اليدوي وذلك وهي مستلقية على ظهرها. فتفحص الثدي الأيمن بيدها اليسرى، والثدي الأيسر بيدها اليمنى، بالضغط البسيط وبشكل دائري ابتداءاً من منطقة الحلمة ثم المنطقة المحيطة بها ثم التي تليها حتى تنتهي إلى منطقة الإبط فتفحصه كذلك. أو عكس هذا الترتيب. المهم ألا تترك جزءً دون أن تمر عليه.

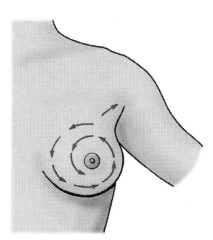

الاسهم تبين اتجاه
اصابع اليد اليمنى
للفحص الذاتي
للثدي الأيسر

س – ما الذي تبحث عنه في هذا الفحص اليدوي.

ج – إنها تبحث عن الأورام أو المناطق التي يكون ملمسها مختلفاً عن بقية المناطق المحيطة في سماكتها أو التي تسبب ألماً عند الفحص.

س – ثم ماذا تفعل؟

ج – إذا فعلت ذلك، وبشكل دوري، ولم تجد شيئاً. فإن شاء الله، لا داعي للقلق. وإذا وجدت أي شئ يدعو إلى القلق فلتذهب إلى الطبيب المختص.

س – هل يعني ذلك أنها تعاني من السرطان؟

ج – لا. فأغلب هذه الأورام كما أسلفنا حميد، ولكن ينبغي للطبيب أن يقرر ذلك. كما ينبغي له أن يحدد نوعية الفحوصات اللازمة، وكذلك أنسب طريقة للمتابعة.

س – لو افترضنا أنها رأت الطبيب، وكان أغلب ظنه أنه ورم حميد فماذا يفعل؟

ج – الأورام الحميدة كما ذكرنا متعددة، وتتطلب معاملة مختلفة حسب الحالة. فمنها ما هو واضح على أنه غير خبيث. ومنها ما يحتاج إلى فحوصات لتحديد ذلك قطعياً. ومنها ما يحتاج إلى متابعة لوجود شك، حتى بعد الفحوصات، ولكن الأرجح عند الطبيب أنها غير خبيثة. ثم بعد هذه الفئات هناك ما هو مشكوك فيه مع إحتمال كبير أو على الأقل لنقل إحتمال غير بسيط أنه يمكن أن يكون خبيثاً.

س – وماذا تفعل بهذه الفئة الأخيرة؟

ج – هذه الفئة هي التي تتطلب أخذ عينة منها.

س – وكيف تكون العينة؟

ج – هناك أكثر من طريقة لأخذ العينة. ربما كان أبسطها العينة بالإبرة الدقيقة (F.N.A.) أو (Fine Needle Aspiration) ثم الأكبر منها، عينة بالإبرة الغليظة (True-cut Biopsy) ثم العينات الجزئية أو الكاملة ولكن تحت التخدير الموضعي Incisional or Excisional biopsy. ثم هاتين يمكن عملهما تحت التخدير الكامل إذا كان الورم عميقاً. ثم هناك أكثرها تعقيداً وهي أخذ العينة بعد تحديد الورم أو تحديد المنطقة المشتبه فيها Needle Localization Biopsy .

ريقة اخذ عينة (رشف)
بالابرة من اغدة الدرقية

س – إذا كانت هذه الأخيرة معقدة فلماذا تجرى بدلاً من غيرها الأقل تعقيداً؟

ج – لا تجرى هذه في الغالب إلا في حالة الضرورة، وهي حالة عدم وجود ورم محسوس. أي أن الطبيب لا يمكنه تحديد مكان المنطقة المشتبه بها تحديداً جازماً بالفحص اليدوي. فإذا قام بأخذ عينه، وهو لا يحس الورم، فيمكن أخذ عينه سليمة وعدم إصابة الورم.

س – سبحان الله! إذا كان الطبيب لا يستطيع أن يحس الورم، فما سبب مجيء المريضة إليه أصلا؟ أقصد ماذا شعرت به المريضة حتى تأتي إلى الطبيب؟

ج – سؤالك جيد، ويدل على متابعة، ولكنك أغفلت ناحية مهمة، وهي أن الأورام ليست كلها محسوسة أو محددة.

فمنها ما يظهر نفسه على أنه ثقل في الثدي أو ألماً، ولكنه غير محدد. ومنها ما يسبب خروج دم أو سائل من الحلمة دون أن يتبين مصدره. ثم هناك الفئة التي ليست لها أعراض بتاتاً.

س – إذا كانت ليست لها أعراض فلماذا قمنا بالفحص اليدوي أو الأشعة؟

ج – ألا تذكر أننا تحدثنا عن فئة من النساء هن أكثر عرضة للإصابة بسرطان الثدي.

س – نعم. أذكر ولكن ما علاقتهن بهذا الموضوع؟

ج – هذه الفئة من النساء يجب فحصهن وإجراء أشعة لهن وإن لم يكن يشتكين من شئ. فإذا قمنا بإجراء أشعة ثدي لهن (Mammogram) وأشعة صوتية (Ultra Sound) ووجدنا منطقة مشتبه فيها، فيجب أخذ عينة منها، حتى ولو لم تكن محسوسة.

س – كيف يتم أخذ هذه العينة المعقدة؟

ج – هذه تحتاج إلى تنسيق جيد بين الجرّاح وطبيب الأشعة. فبعد عمل أشعة الثدي (Mammogram) وتحديد المنطقة المشتبه بها يقوم طبيب الأشعة بغرس إبرة دقيقة طويلة في هذه المنطقة. مستعيناً بالأشعة أثناء ذلك، للتأكد من أنها في المكان المطلوب. ثم تذهب المريضة إلى غرفة العمليات، حيث يقوم الجرّاح باستئصال النسيج الثديي المحيط بطرف الإبرة. ترسل هذه العينة إلى طبيب الأشعة (والمريضة تحت التخدير الكامل) فيقوم هذا بأخذ أشعة للعينة ومقارنتها بأشعة الثدي، حتى يتأكد من أن الجزء المشتبه به قد تم استئصاله.

س – ولماذا تبقى المريضة تحت التخدير الكامل حتى بعد أخذ العينة؟

ج – لأنه إذا لم يجد طبيب الأشعة أن المنطقة المشتبه بها قد تم استئصالها، فإنه يطلب من الجرّاح استئصال منطقة أخرى محيطة بها، وكذلك أخذ أشعة لها. حتى يتم التأكد من أنها استؤصلت.

س – وإذا تم التأكد من ذلك، فما الخطوة التالية؟

ج – ترسل العينة بعد ذلك إلى طبيب الأنسجة، لحفظها وصبغها وأخذ الشرائح منها وفحصها مجهرياً، للتأكد من نوع الخلايا.

س – وإذا كانت النتيجة تدل على أنها سليمة، أقصد غير سرطانية، فما العمل؟

ج – هذا هو المرجو، والحمد لله المريضة لا تحتاج إلى شئ آخر.

س – وإذا كان عكس ذلك؟ أي أنها سرطانية، فماذا يعمل الجرّاح عندئذ؟

ج – عندئذ، تحتاج المريضة إلى فحوصات لمعرفة مدى انتشار السرطان وذلك بعمل أشعة صوتية للبطن، للتأكد من عدم انتشاره للكبد. وأشعة للصدر، للتأكد من عدم انتشاره للرئة. وكذلك أشعة للعظام، أو أشعة نووية، للتأكد من عدم انتشار السرطان للعظام. كما يفضل إعادة فحص المناطق التي ينتشر إليها سرطان الثدي عن طريق العقد، أو الغدد، الليمفاوية. وإن كان المفروض أن تكون قد فحصت عند أول لقاء مع المريضة، إلا أنه بعد أن تبين أن الورم سرطاني، فلا مانع من إعادة فحصها، وهي منطقة الإبطين والرقبة بما في ذلك المنطقة الفوق ترقوية.

س – مـا الـداعـي إلى فحص كل هـذه الأمـاكن، وإجراء كل هـذه الأشـعة، إذا كانت المريضـة ستحتاج إلى عملية في أية حال؟

ج – هذا خطأ، وغير صحيح. هذه الفحوصات ضرورية لعدة أسباب، أهمها معرفة مدى الانتشار. حيث أن هذا يعطينا فكرة عن قوة، أو خبث، السرطان و نوع العلاج الذي تحتاجه المريضة، ومدى توقع استجابتها لهذا العلاج. وكذلك الجدوى من عمل الجراحة، أو علاجات أخرى.

س – هل تحتاج المريضة إلى جراحة إضافية؟

ج – قد لا تحتاج المريضة إلى جراحة أخرى، في الثدي، إذا كانت المنطقة المشتبه بها، والتي تبين أنها سرطان، قد استؤصلت بالكامل. ولكنها تحتاج إلى تنظيف، أو على الأقل، أخذ عينة من منطقة الإبط، لمعرفة مدى انتشار السرطان إلى الغدد اللمفاوية.

س – ومتى تحتاج إلى جراحة إضافية في الثدي؟

ج – تحتاج ذلك إذا بقي شئ من السرطان فيه. أي لم يستأصل تماماً. أو إذا كان قريباً من وسط الثدي، أي قريباً من الحلمة، حيث أنه في هذا الحالات يكون احتمال أن يبقى شئ من السرطان كبيراً. أو أنه قد انتشر بالفعل إلى مناطق أخرى في الثدي.

س – هل تعني أنـه في كثير من حالات سرطان الثدي، لا تحتاج المرأة إلى استئصال كامل للثدي؟

ج – نعم، هذا صـحيح. فكثير مـن الجرّاحين يميلون إلى الاسـتئصـال المحافظ أو المختصر أو الجزئي، أو سمه ما شئت. حيث أنهم وجدوا أن النتائج مشابهة، إذا توفرت بعض الشروط.

س – هل فهمتك صحيحاً؟ نحن نتكلم عن سرطان الثدي؟ أليس كذلك؟

ج – نعم، فهمتني صحيحاً. هذا الكلام عن سرطان الثدي.

س – وما هي هذه الشروط التي اشترطت وجودها؟

ج – أولاً، أن يكون السرطان قد استؤصل بالكامل. والثاني، أن يكون العـلاج الإشعاعي جزءاً لازماً إضافياً من العلاج.

س – هل تتعرض المرأة كلها للأشعة العلاجية؟

ج – لا. فقط ما بقي من الثدي.

س – وما الغرض من هذا النوع من العلاج؟

ج – أنه يقتل، بإذن الله، ما بقي من خلايا سرطانية غير مرئية في الثدي.

س – ولماذا إذاً تنظيف، أو أخذ عينة من الإبط؟ أعني العقد اللمفاوية فيه؟

ج – هذا يحدد حاجتها لعلاج كيميائي. فالتي لم ينتشر السرطان فيها إلى العقد اللمفاوية في الإبط، فمن باب أولى أنه لم ينتشر في بقية جسمها. وفي هذه الحالة لا تحتاج، ولن تستفيد فائدة إضافية، من العلاج الكيميائي، بل فقط تعاني من أضراره الجانبية. أما التي انتشر السرطان فيها

إلى العقد اللمفاوية، فيتوقع أنه انتشر إلى بقية الجسم، وإن لم يظهر. ففي هذه الحالة، تحتاج إلى علاج يصل إلى كل الجسم، ألا وهو العلاج الكيمائي.

س – هل هناك علاجات أخرى غير الكيمائي؟ كأنني سمعت عن علاجات هرمونية. فهل هذا صحيح؟

ج – نعم. أكثر العلاجات الهرمونية انتشاراً هو Tamoxifen. وهو يستخدم في كثير من الحالات، سواء قبل أو بعد سن اليأس.

س – إذا كان الورم، أو الخلايا السرطانية، لم تستأصل بشكل كامل، فما الجراحة الإضافية التي تحتاجها المريضة؟

ج – تحتاج إلى استئصال كامل للثدي ومنطقة الإبط.

س – ثم هل تحتاج بعد ذلك إلى علاج بالأشعة أو بالكيمائي أو الهرمونات؟

ج – بالنسبة للعلاج بالأشعة فلا تحتاجه، لأن الاستئصال الجراحي كامل، فلم يبق من خلايا الثدي شئ لتعريضه للأشعة. وأما بقية أنواع العلاجات، فينطبق عليها ما ذكرناه في العلاج أو الجراحة التحفظية (المختصرة).

س – هل تستطيع المرأة أن تحمل بعد إصابتها بسرطان الثدي؟ وهل هناك ضرر من ذلك؟

ج – إزالة الثدي لا تشكل عائقاً للحمل من ناحية المقدرة. ولكن الحمل، أو تناول حبوب فيها هرمونات، مثل حبوب منع الحمل وغيرها، قد تكون لها تأثير سلبي على المرأة، وإيجابي للخلايا السرطانية. هذا من ناحية، ومن ناحية أخرى، فالأدوية الكيمائية من خصائصها قتل الخلايا، وتأثيرها أكثر ما يكون على الخلايا سريعة الانقسام، ومن ضمنها خلايا الجنين. فبذلك قد تسبب تشوهات، أو حتى موت، للجنين. فلذلك يفضل عدم التعرض للحمل، أو استعمال هذه الهرمونات.

س – هل تنتهي قصة سرطان الثدي بالعملية أو بالعلاجات؟ أم أن المرأة يجب أن تتابع مراجعة الطبيب؟

ج – تحتاج المرأة لمتابعة الطبيب. طبيب الأورام، الذي يصف لها العلاجات الكيمائية و الهرمونية، وكذلك الجرّاح. وتحتاج بين الحين والأخر إلى فحوصات وأشعة، بالإضافة طبعاً، إلى الفحص السريري.

الناسور الشعري (العصعصي)

Pilonidal sinus

س – أشعر أحياناً بألم وتورم في أسف الظهر، يخرج منه صديد أحياناً. فما هو؟

ج – أهو عند فتحة الشرج؟

س – لا. هو بعيد قليلا عن فتحة الشرج. في أسفل الظهر ، عند منطقة العصعص. هل عرفت ما أعني؟

ج – نعم عرفت ما تعنيه الآن، ولكن أحببت أن أتأكد من أنه ليس له علاقة بفتحة الشرج. الذي تعاني منه في الغالب هو الناسور الشعري، ويسميه البعض، الناسور العصعصي.

س – ولماذا هذه التسمية؟

ج – الناسور العصعصي. للسبب الذي بينته، فهو يحدث في الغالب عند منطقة العصعص.

س – هل تقصد أنه يحدث أحياناً في مناطق أخرى من الجسم؟

ج – نعم، فهو يحدث في عدة مناطق، ولكن أغلبها نادر. وهناك مناطق يحدث فيها ليست نادرة، ولكنها أقل انتشاراً من منطقة العصعص، وهي منطقة السرة، وكذلك بين الأصابع عند الحلاقين.

س – ولماذا هذه المناطق بالتحديد؟

ج – هذا ما لم أتمكن من إكماله في الإجابة على سؤالك الأسبق عن سبب التسمية. فهو يسمى ناسوراً شعرياً لأن مسببه هو الشعر، وهذه هي المناطق التي يتجمع فيها الشعر.

س – وكيف للشعر أن يحدث كل هذا الضرر؟

ج – الشعر يخترق سطح الجلد، ويستوطن طبقاته الداخلية، ويكوّن صديداً في تلك الطبقات.

س – ولكن كيف لشعرة ضعيفة هزيلة أن تخترق الجلد؟ وإذا دخلت فلماذا لا تخرج بنفس الطريقة التي دخلت بها؟

ج – نعم، صدقت. فالشعرة هزيلة ضعيفة، ولكن قوامها الانسيابي المدبب، يساعدها على ذلك، كما يساعدها شكلها على ذلك. فلو كبرت الشعرة مئات المرات، فإنك سترى أن شكلها يشبه جذع النخلة. فمن السهل عليها اختراق الجلد، ولكن إذا دخلت، فإن هذه الأطراف الخشنة على سطح الشعرة، تمسك بها وتمنعها من الخروج بسهولة. وهذه أيضا تشبه فكرة رأس السهم. فإنه يدخل بسهولة، ولكن إذا أردت إخراجه من الفريسة فإنك تجده لا يخرج بسهولة.

س – هذا بالنسبة لدخول الشعر. ولكن لماذا الصديد؟

ج – الشعر ممتلئ كبقية جسمك بالبكتيريا. وهذه تنمو نمواً اضطرادياً. ففي المناطق المكشوفة المعرضة للهواء والشمس والغسيل المستمر، فإن هذه العوامل تحول دون تكاثرها بشكل كبير، فلا يسمح لها بتكوين الصديد. ولكن إذا كانت هذه البكتيريا في منطقة مغلقة، وغير معرضة لهذه العوامل، فإنها تتكاثر وتكوّن الصديد.

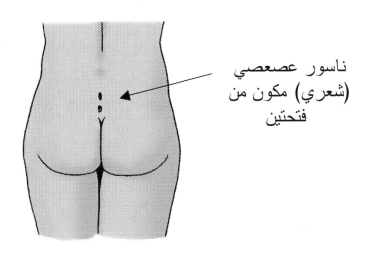

ناسور عصعصي
(شعري) مكون من
فتحتين

س – ولكن تخبرني زوجتي أن في هذه المنطقة، أي منطقة العصعص، عدة فتحات صغيرات، إضافة إلى فتحة أكبر، وهي التي يخرج منها الصديد. فلماذا كل هذه الفتحات؟

ج – تبدأ المشكلة بتكوين فتحة واحدة ، ثم يزداد دخول الشعر، ثم يزداد تكوين الصديد، فيتكوّن كيساً شعرياً. وبالمناسبة، بعض الناس يسمونه الكيس الشعري. وإذا تكون الكيس الشعري، فغالباً يكون فيه مئات الشعرات وكمية من الصديد. وإذا لم يستطع الصديد أن يفرغ نفسه من الفتحة الأولى، فإنه يسبب التهاباً في المنطقة، ثم يزيد الضغط في الكيس حتى ينفجر مكوناً فتحة (ناسوراً) أخرى وهكذا.

س – هل هناك فئة معينة من المجتمع أكثر إصابة بهذه المشكلة؟

ج – نعم. فهو يصيب الذكور أكثر من الإناث، ويصيب المشعرين أكثر من قليلي الشعر (الجسمي). وكذلك يكثر في الذين يتطلب عملهم (أو تعودوا) الجلوس على مقاعد قاسية. وقد كان يسمى في السابق " مرض سائقي الجيبات "، ليبوسة مقاعد الجيب، وتعرضهم للمطبات المتكررة.

س – كيف يمكن علاجه؟

ج – علاج هذه الحالة ينقسم إلى ثلاثة أقسام:-

الأول– منع وقوعه، وذلك بإبعاد المسببات، فالوقاية خير من العلاج.

الثاني–علاج الحالة الحادة، وهي فترة الالتهاب.

الثالث العلاج الجذري للمشكلة.

س – كيف يمكنني أن أمنع وقوعه، أو أن أبعد المسببات؟

ج – يمكنك ذلك بإزالة الشعر، خصوصاً السائب منه، من المنطقة، وعدم الجلوس على أرض أو مقاعد يابسة لفترات طويلة.

س – كيف يمكن إزالة الشعر من منطقة العصعص؟ وما مساحة هذه المنطقة المطلوب إزالة الشعر منها؟

ج – يكفي إزالة الشعر من منطقة مساحتها شبر في منطقة العصعص. وذلك بآلة الحلاقة، أو مزيلات الشعر .هذا بالنسبة للشعر النابت في المنطقة. ولكن لا يقل أهمية عن ذلك نفض المنطقة، خصوصاً بعد الحلاقة أو الاغتسال، لإزالة ما يعلق بها من شعر سائب.

س – وماذا عن القسم الثاني من العلاج أو علاج الحالة الحادة في فترة الالتهاب، والتي أظننى في حاجة إليها الآن؟

ج – علاج الحالة الحادة نوعين، أو مرحلتين. ففي الأولى، نحاول العلاج التحفظي، إذا لم يكن الإلتهاب مصحوباً باحمرار الجلد أوالتجمع الصديدي أوالحرارة، سواءً في المنطقة أو في الجسم كله، أوالألم الشديد. ففي هذه الحالة (أي إذا لم يوجد ما سبق) يمكن البدء بالمغطس أو الكمادات المغمورة في محلول ملحي مركز، مع الحرص على إزالة الشعر من المنطقة، ومن داخل فتحات النواسير. وقد يضاف إلى هذا العلاج، المضاد الحيوي عن طريق الفم، حسب ما يراه الجرّاح مناسباً.

س – هذا المحلول الملحي، كم تركيز الملح فيه؟

ج – من خبرتي، وجدت أن ملعقة أكلٍ من الملح، لكل كوب ماء دافئ، أو أربع ملاعق ملح، لكل لتر، هو تركيز مناسب يؤدي إلى تعقيم المنطقة وتخفيف الإلتهاب من غير أن يحدث أضراراً ناتجة عن قوة تركيز الملح.

س – وإذا كان الالتهاب شديداً، مع احمرار الجلد، وتجمع صديدي واضح، فماذا نعمل؟

ج – في هذه الحالة يجب فتح الخرّاج وإخراج الصديد.

س – هل تعني استئصال الناسور العصعصي بكامله؟

ج – لا. فقط إخراج الصديد والانتظار حتى يخف الالتهاب، قبل عمل العملية النهائية، أو العلاج الجذري.

س – وما الضرر في إجراء العملية النهائية الآن، وتوفير عملية أخرى على المريض؟

ج – لا يستحسن عمل عملية إصلاحية في حالة وجود صديد أو التهاب في المنقطة، حيث أن الجرح يجب أن يبقى مفتوحاً بعد العملية.

س – وكيف يتصرف المريض بجرح مفتوح؟

ج – يحتاج إلى غيارات متكررة يحددها الجرّاح.

س – إلى متى؟

ج – حتى يتم قفل الجرح، وهذه المدة متفاوتة، تختلف باختلاف كبر الجرح.

س – ولكن إذا استؤصل الخرّاج كاملا من غير فتحه، وبذا لا يتعرض الجرح الجديد للصديد والالتهاب فهل من الممكن في هذه الحالة خياطة الجرح؟

ج – هذا ممكن ولكن فيه عيبان. الأول أنك لا تستطيع أن تضمن عدم التهاب الجرح الجديد، لأن اتساخه محتمل لوجود بكتيريا في المنطقة. وفي هذه الحالة يجب فتحه بعدما تمت خياطته. والعيب الثاني أن هذا يقتضي استئصال منطقة أكبر من المحتاج إزالتها، حتى تحتاط ألا تفتح الخرّاج أثناء الاستئصال.

س – وما هي العملية الجذرية بالنسبة للناسور الشعري؟

ج – هي استئصال الناسور والكيس الشعري كاملاً. ويجب هنا على الجرّاح الموازنة بين استئصال الناسور كاملاً، وعدم إزالة ما لا داعي لاستئصاله من الجزء السليم المحيط به. مع عدم فتح الناسور أو الكيس الشعري أثناء العملية، حتى لا يتسخ الجرح.

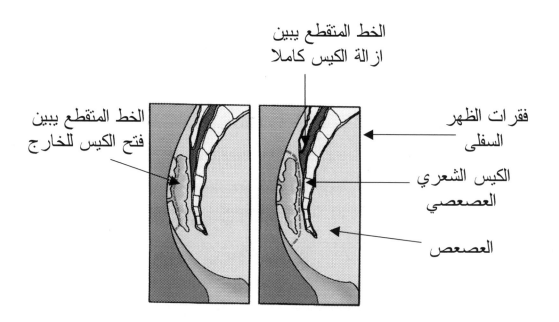

الخط المتقطع يبين
ازالة الكيس كاملا

فقرات الظهر
السفلى

الخط المتقطع يبين
فتح الكيس للخارج

الكيس الشعري
العصعصي

العصعص

س – وهل يخيط الجرح في هذه الحالة؟

ج – نعم وهذا هو سبب عدم إجراء العملية في حالة الالتهاب. والسبب في انتظارنا حتى الوقت المناسب.

س – سمعت أن نسبة المعاودة، أو رجوع الناسور عالية، فهل هذا صحيح؟

ج – نعم. نسبة رجوع الناسور قد تصل إلى ٣٠٪. وهذه نسبة، بلا شك عالية، ولا يتقبلها المريض. ولذلك يجب عليّ أن أضيف قائلاً أن هذه النسبة يمكن تقليلها إلى ٣٪ فقط بأخذ إحتياطات بسيطة.

س – مثل ماذا؟

ج – التأكد من أن الناسور في أحسن حالات نظافته قبل إجراء العملية (من إزالة الشعر والتنظيف المتكرر بالمحول الملحي). وكذلك عدم خياطته وهو ملتهب. وكذلك التأكد من أنه لم تبق نواسير لم يتم استئصالها. و كذلك أخذ الاحتياطات اللازمة من عدم تكرار المشكلة مرة أخرى ، أعني عدم السماح للأسباب بأن تكون متوفرة حتى تعيد تكوين الناسور.

س – هل تعني أنني حتى بعد إجراء العملية، يجب عليّ أن أزيل الشعر وأنظف المكان؟

ج – نعم. فما دام أن المنطقة فيها شعر، فأنت عرضة لتكوين ناسور جديد.

عمليات تخفيف الوزن (التخسيس)
Bariatric Surgery

س – لقد تعبت كثيراً من عمل الحميات المختلفة فهل هناك طريق مختصر لتخفيف الوزن؟

ج – أراك تعني أجراء عملية لتخفيف الوزن فهل هذا حقاً ما تعنيه؟

س – نعم. هذا ما أعنيه تماما. هذه العمليات تختصر الطريق كثيراً للوصول إلى الوزن المناسب. هذا ما سمعته. أليس هذا صحيحاً؟

ج – لا ينبغي أن يتسرع الإنسان في إجراء العملية وهذا موقفي في كل الحالات كما تعلم ولكن بالنسبة لهذه الحالة فهو كذلك لعدة أسباب.

س – أذكر هذه الأسباب إذا كان ذلك ممكناً.

ج – سأذكرها ولكن ليس الآن. أريد قبل ذلك أن أسألك لماذا تريد الحل الجراحي؟

س – لسبب بسيط وهو أنه حل سريع.

ج – يا أخي لا ينبغي أن يكون هذا هو السبب أو وسيلة التقييم فبالنسبة لبعض الحلول اللاجراحية فإنها قد تفقد المريض وزنا أكثر في وقت أسرع. أضف إلى ذلك أنه في جميع الحلول الجراحية يجب وزن فوائد الجراحة مقابل مضارها.

س – هل تعني أن لهذا النوع من الجراحة مضار؟

ج – طبعاً. ألم أقل لك من قبل في عدة مواقف أنه لا توجد عملية من غير مضار. أحيانا تكثر وأحياناً تقل.

س – وما مضارها إذاً؟

ج – قبل أن أحدثك عن مضارها أريد أن أسألك ماذا تجني منها؟ أو بمعنى آخر، ما الفائدة منها؟

س – الفائدة واضحة وهي تخفيف الوزن أو التخسيس.

ج – ليس هذا ما أعنيه ولكني أقصد كيف تحدث العملية هذا التخسيس؟

س – كما سمعت فإن العملية تقوم بتكوين جيب أو معدة صغيرة من جزء من المعدة فهل هذا صحيح؟

ج – في الواقع هناك عدة عمليات للتخسيس منها ما يعزل جزءاً من الأمعاء فيتسبب في مرور الغذاء دون الاستفادة منه كامل الاستفادة ومنها ما يقوم فيه الجرّاح بتجزئة المعدة وأفضلها هي تلك التي وصفتَها ووصفك صحيح ولكن الذي أريد أن أصل إليه هو أن هذه العملية في النهاية

محصلتها أن تحد او تجبرك أن تحد من كمية الأكل الذي تأكله. فالعاقل إذاً لو قلل من كمية الأكل من غير عملية فإنه سيحصل على نفس النتائج من غير أن يعرض نفسه لخطورة العملية.

س – هل هذا معقول! النتائج بالعملية مثل النتائج من غيرها؟

ج – نعم. لأن كليهما يعتمد على كمية الوحدات الحرارية الداخلة في الجسم. فمعادلة التخسيس أو قل معادلة زيادة الوزن هي معادلة بسيطة من الدرجة الأولى.

(كمية الوحدات المخزنة) = (كمية الوحدات المأكولة) – (كمية الوحدات المستهلكة)

س – إذاً يجب على الإنسان فقط أن يستهلك أكثر مما يأكل؟

ج – نعم.

س – وكيف يكون هذا الاستهلاك؟

ج – الطاقة المستهلكة أو السعرات المستهلكة ثلاثة أنواع:-

أولاً. هناك السعرات الأساسية أو التي لا بد من صرفها

ثم هناك السعرات المصروفة في النشاط اليومي

ثم هناك السعرات المصروفة في النشاطات الإضافية مثل الرياضة.

س – وماذا تقصد بالسعرات الأساسية؟

ج – هي السعرات الحرارية التي لا بد وأن تتصرف ، مهما قلل الإنسان من حركته ونشاطه، حتى يبقى حياً.

س – تعني أنه حتى لو نام الإنسان فإنه يصرف هذه الكمية؟

ج – نعم في الحقيقة يتم قياسها بهذه الطريقة. أقصد أنه ينام في غرفة خاصة لهذا الغرض ولا يقوم بأي جهد فتقاس كمية السعرات المستهلكة.

س – وكيف يستفيد الإنسان من معرفة هذه المعادلة التي سبق وأن ذكرتها في تخفيف وزنه؟

ج – هما طريقان لا ثالث لهما غير الجراحة.

الأول- الإقلال من السعرات الداخلة. أعني عن طريق الأكل.

والثاني- الإكثار من السعرات المصروفة أعني زيادة النشاط وهذا النشاط يكون أما اعتياديا أو غير اعتيادي مع العلم أنه يوجد بعض النشاطات التي قد تبوب على أنها اعتيادية أو غير اعتيادية.

س – مثل ماذا؟

ج – مثلاً لو أن الإنسان عود نفسه على المشي للمسجد أو العمل ، بدلا من الذهاب بالسيارة.

أو استخدام الدرج بدلا من المصعد أو حتى الأشياء التي لا نعتبرها مهمة ولكن مع كثرتها قد

تكون مهمة مثل إحضار الماء بنفسه أو تجهيز الشاي أو القهوة أو أغراض أخرى بنفسه بدلاً من طلبها من الابن أو الخادمة أو الفرّاش.

س- ربما كان كلامك صحيحاً ولكن بالنسبة للرياضة فلا قدرة لي عليها بالإضافة إلى أنني أصلا لا أجد لها وقتاً فماذا أفعل؟

ج - ليست كل رياضة يجب أن تكون معنونة على أنها رياضة.

س - ماذا تعني؟

ج - كما ذكرت لك مسبقاً مثل الذهاب للعمل أو للمسجد سيراً على الأقدام يومياً هذا يعتبر نوعاً من الرياضة وممارسة بعض الهوايات يعتبر رياضة أيضاً.

س - مثل ماذا؟

ج - مثل الفلاحة. بعض الناس يهوون الزراعة فهذه تعتبر رياضة وكذلك لعب الكرة للتسلية فهي أيضاً رياضة أو السباق مع الأولاد أو الزوجة كل هذه تعتبر رياضة وقد اشتهر عن النبي (صلى الله عليه وسلم) مسابقته لعائشة (رضى الله عنها). والسباحة التي يمارسها الناس ربما لغرض مقاومة الحر الشديد في الصيف كذلك تعتبر رياضة. أضف إلى هذا أنه توجد بعض أنواع الرياضة يمكنك ممارستها وأنت تستمع إلى الأخبار مثلا مثل السير المتحرك أو العجلة الثابتة. فيمكنك الاستفادة من هذه الربع أو النصف ساعة إذا كنت ممن لا يحب إضاعة الوقت علماً بأن الوقت الضائع كثير ولا يعجزك توفير ربع ساعة أو نصف ساعة يومياً لتمارس فيها رياضة.

س- حسناً حسناً.. لا داعي للتجريح. هذا بالنسبة للسعرات المستهلكة. وربما يستطيع الإنسان أن يبذل أكثر مما تعود في هذا المجال. ولكن بالنسبة للأكل فلا مقاومة لي عليه فبما تنصحني؟

ج - يا أخي هذا غير صحيح ويجب علينا كبشر أن نتذكر أننا نأكل لنعيش ولا نعيش لنأكل ونحن خصوصاً أعني المسلمين نعلم واجبنا في الحياة ونقرأ القرآن و الأحاديث فيجب علينا أن نتذكر قوله تعالى " كلوا واشربوا ولا تسرفوا أنه لا يجب المسرفين ".

وقول الرسول (صلى الله عليه وسلم) " نحن قوم لا نأكل حتى نجوع وإذا أكلنا لا نشبع " وقوله " حسب ابن آدم لقيمات يقمن صلبه فإن كان لا بد فاعلاً فثلث لطعامه وثلث لشرابه وثلث لنفسه " وقوله كذلك "المعدة بيت الداء والحمية رأس الدواء".

س – ولكن الإنسان بشر وضعيف المقاومة وإذا وجد الطعام أمامه لا يستطيع إلا أن يلتهمه فما العمل؟

ج – هناك بعض النصائح أقولها لك :-

أولا – لا تأكل حتى تجوع – الكثير منا يأكل فقط لأن موعد الغداء أو الإفطار قد حان أو لأن العائلة مكتملة الحضور في ذلك الوقت. فهو يجلس معهم والجلوس مع قوم يأكلون لا شك يشجع الإنسان على الأكل.

ثانياً – لا تشبع – للأسف الكثير من الناس لا يرى إلا الأسود والأبيض – الجوع أو الشبع – علماً بأن هناك مراحل بينهما فالإنسان يستطيع أن يطفئ حالة الجوع ويزيد عليها قليلاً من غير أن يصل إلى الشبع.

س – وما الضرر في الشبع؟

ج – بالإضافة إلى كونها مخالفة لهدي النبي (صلى الله عليه وسلم) فإن للشبع أضراراً مباشرة، وأخرى بعيدة المدى.

س – وما هي الأضرار المباشرة وغير المباشرة للشبع؟

ج – أما الأضرار المباشرة فإن كلاً منا يشعر بعد أن يشبع بالنعاس والثقل الشديد وأنه لا يريد أن يتحرك إلا الحركة الضرورية وكذلك يجد صعوبة في التنفس وإذا تذكرت المعادلة التي ذكرناها فإنك ستعلم أن هذا الإنسان سيبدأ في تخزين كمية أكبر من هذه السعرات التي التهمها على شكل شحوم في جسمه وذلك لأنه لا يصرفها في الحركة نظراً لثقل الحركة عليه.

أما الأضرار البعيدة المدى فهي تكديس هذه الشحوم. بالإضافة إلى أن المعدة مثل الكيس المطاطي. أي أن لها قدرة على التمدد. فإذا تعودت أن يصلها كمية كبير ة من الطعام فإنها تتمدد لتستوعب تلك الكمية في كل مرة وإذا تمددت فإنها لا تكتفي بالقليل من الطعام بل تطالب بالأكثر الذي يتناسب مع حجمها. فالإنسان الذي عود معدته على استيعاب ما حجمه لترين من الطعام ، إذا أكل نصف لتر من الطعام فإن معدته لن تكون سعيدة وستدفعه الثمن بأن تشعره باضطرابات ومضايقات ولن ترتاح إلا إذا أعطاها حاجتها من الطعام.

س – إذاً فالشبع شئ خطير عاجلاً وآجلاً؟

ج – نعم. والنصيحة الثالثة هي أن تحرص على الإقلال من تناول الأكلات المحتوية على سعرات كثيرة والتي يتم تخزينها على شكل دهون وأعني بذلك السكريات والدهون بالدرجة الأولى.

س – الحمد لله. فإن أغلب أكلي ليس سكريات وإنما الأرز والخبز ولكن مع ذلك أجد وزني يزداد فلماذا؟

ج – هذا خطأ شايع. فالكثير من الناس يعتقد أن كلمة السكريات تعني بالضرورة ما كان حلو المذاق بينما هو يشمل الخبز والأرز والمعكرونة والنشا وجميع المعجنات.

س – حسبك يا هذا. لم تبق لي شيئا آكله.

ج – لا. أنا لم أمنعك عن أكل هذه الأشياء.فقط قلت لك كلها بحساب و لا تسرف.

س – ولماذا سميت سكريات إذاً؟

ج – لأنها مكونة من مواد سكرية وحدات السكر إذا اتحدت فإنها تكوّن مواداً ليست حلوة المذاق ولكن عند هضمها تتفكك إلى وحدات من السكر والفائض منها يخزن على شكل دهون

س – هناك عدة رجيمات (حميات) منتشرة في السوق فأيها تنصحني به؟

ج – كلامك صحيح. هناك عدة حميات منها ما هو من متخصصين ومنها ما هو من غير متخصصين وليس هذا مجال بسط الكلام فيها نظراً لكثرتها ونظراً كذلك لأنني لم أدرسها واحدة واحدة حتى أحكم فيهم حكماً مبنياً على دراسة ولكنني،أقول مجملاً أن أفضل الحميات هي تلك التي تكون في الدرجة الأولى طبيعية قدر الإمكان.ثم بالدرجة الثانية موزونة قدر الإمكان ثم بالدرجة الثالثة يمكن الاستمرار عليها مدة أطول.

س – ماذا تعني بكلمة " طبيعية "؟

ج – أعني أنها تشبه الأكل أو الوجبة الطبيعية. فمثلاً ليس من الطبيعي أن يأكل الإنسان الفواكه فقط أو أن يمتنع عن أكل السكريات أو أن يعيش على السلطات والخضار دون غيرها.

س – وماذا تعني بكلمة " موزونة "؟

ج – أعني أن الإنسان حتى وإن كان يحاول أن يخفف وزنه فإن أكله يجب أن يحتوي على تنوع في المأكولات. فمثلاً يأكل شيئاً من البروتينات وشيئاً من الدهون وشيئا من السكريات وهذه كلها تحتوي على ما يحتاج إليه من أملاح ومعادن وفيتامينات ولا ينبغي للإنسان أن يأكل نوعاً واحداً ثم يسد العجز بأخذ حبوب حديد أو أملاح أو فيتامينات. أعني أن هذه المركبات موجودة في الأكل فلماذا تحرم نفسك منها ثم تأخذها من مصدر خارجي.

س – فسر لي ما تعنيه بقولك "يمكن الاستمرار عليها مدة أطول".

ج – أعني ما تعنيه هذه الكلمة. فمثلا هناك من يتبع حمية معينة لا يأكل فيها إلا الفواكه ويستمر عليها مدة أسبوع أو شهر أو أكثر ولكن ليس بإمكانه أن يستمر على تلك الحمية مدة طويلة.

س – إذاً أرجوك أن تصف لي هذه الحمية المثالية التي تفترضها والتي تفي بجميع شروطك.

ج – أبداً. هي سهلة جدا. كل بتعقل من جميع الأنواع التي كنت تأكل منها ولكن بكمية أقل. مثلاً نصف ما كنت تأكل من قبل. ولا تأكل حتى تجوع وإذا علمت أن شيئاً يحتوي على وحدات حرارية كثيرة فحاول ألا تعود نفسك عليه، بل حاول أن تعود نفسك على الاستغناء عنه.

س – هل هذا كل شئ؟

ج – هذا يكفي ولكن إذا أردت نتائج أسرع وأردت أن تشعر بصحة أفضل فمن الأفضل ان تضيف إلي ما سبق شئ بسيط من التمارين الرياضية اليومية الخفيفة حتى تشد الجسم كما يقولون.

س – هل أفهم مما سبق أنك لا تنصح أحداً بعمل عمليات التخسيس على الإطلاق.

ج – لا ولكن هذا تقريباً صحيح.

س – كيف

ج – هناك شئ لم نتطرق إليه في هذا المجال وله دور كبير في اختيار المرضى للجراحة.

س – وما هو؟

ج – شئ يسمى مؤشر كتلة الجسم BMI Body Mass Index.

س – وما هو هذا المؤشر وكيف يتم حسابه وما الطبيعي وغير الطبيعي؟

ج – مهلا مهلا. سأفصل إن شاء الله :–

مؤشر كتلة الجسم يحسب بتقسيم الوزن بالكيلوجرام على مربع الطول بالمتر. فمثلا لو افترضنا أن شخصاً وزنه ٨١ كيلو جرام وطوله ١٨٠ سم فإن:

مؤشر كتلة الجسم بالنسبة له يكون ٨١÷ (١،٨٠)^{٢}= ٢٥

وهذا المؤشر أي ٢٥ يعتبر الحد الأعلى للمتوسط. أي الطبيعي. إذا زاد هذا الرقم عن ٢٥ فيعتبر الإنسان زائد الوزن وإذا وصل إلى ٣٠ فيعتبر بدينا أما إذا زاد عن ٤٠ فإنه يعتبر قد دخل مرحلة البدانة المَرَضِية (Morbid Obesity).

س – هل هذه الحدود التي حددتها، أعني ٢٥ و٣٠ و٤٠، من عندك أي من تقديرك أم أنها متفق عليها في المجال الطبي؟

ج – هذا تعريف منظمة الصحة العالمية وهي تعتبر مرجعاً كبيراً في هذا المجال.

س – ولكن وزني ١٠٠ كحم وطولي ١٧٥ سم هل تقصد أن مؤشر كتلة الجسم بالنسبة لي يساوي ٣٢،٦٥ وبالتالي فأنا أُعتبر بديناً.

ج – نعم وللأسف فإن نسبة كبيرة من السعوديين يعتبرون بداناً. فهذه النسبة تصل إلى حوالي ٢٠%. وحوالي ٢٨% يعتبرون زائدي الوزن ولم يصلوا بعد إلى مرحلة البدانة.

س – وما السبب؟

ج – كثرة الأكل وقلة الحركة.

س – حسناً. ما أهمية هذه الأرقام ؟

ج – أهمية هذه الأرقام تكمن في تحديد من يحتاج إلى عملية جراحية.

س – إذا كانت نسبة السعوديين زائدي الوزن بهذه النسبة الكبيرة إذاً فالكثير يحتاج إلى العملية. أليس كذلك؟

ج – لا. فأولاً هناك نسبة كبير من زائدي الوزن يمكن علاجهم بالحميات والرياضة ونسبة أقل من البدان كذلك يمكن علاجهم بهذه الطريقة.

س – فمن يبقى ويصلح له الحل الجراحي؟

ج – نسبة كبيرة من الذين يصلون إلى البدانة المرضية (مؤشر كتلة الجسم > ٤٠) لا تنفع معهم الحميات ويحتاجون إلى عملية لتحسين حالتهم النفسية والاجتماعية والصحية وكذلك بعض الذين يعدُّون من البدان (مؤشر كتلة الجسم ٣٠-٤٠) إذا أدت زيادة الوزن عندهم إلى أمراض قلب أو صعوبة تنفس. هؤلاء يحتاجون إلى العملية كذلك.

س – أخيراً وصلنا إلى العملية فأرجوا أن تصفها لي.

ج – أعتذر عن الإسهاب في الكلام الغير جراحي ولكن الغرض هو لتوضيح وبيان أن الحل الجراحي لا يصلح للكل.

أما بالنسبة للعملية فإن أفضلها هي تلك التي تقوم بتكوين جيب من المعدة (أي الاستغناء عن الجزء الأكبر من المعدة).ولا أنصح بغيرها من العمليات التي تقوم بعزل جزء من الأمعاء.

س – لماذا؟

ج – لأن هذه الأخيرة تؤدي إلى نقص في بعض الفيتامينات والأملاح والمواد الضرورية وقد لا يتضح هذا النقص أو الضرر إلا بعد مدة طويلة.

س – بالنسبة لعمليات المعدة؟

ج – لنسميها عمليات ربط لمعدة.

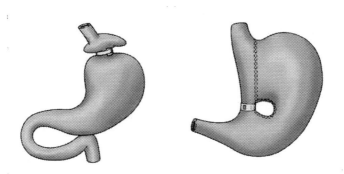

عمليات ربط المعدة لعلاج السمنة المفرطة

س –حسناً. بالنسبة لعمليات ربط المعدة هل هي قديمة أم أنها فقط ابتكرت بعد انتشار جراحة المناظير البطنية؟

ج – في الحقيقة هي قديمة و انتشرت في السبعينيات ولكنها في ذلك الوقت أو في عصر ما قبل جراحة مناظير البطن كانت عبارة عن تدبيس لجزء من المعدة وكانت لذلك تسمى عمليات تدبيس المعدة تم تحورت إلى الربط لتسهيل تكيفها مع وضع المنظار البطني. وإن كانت قد أخذت عدة صور إلا أنها كلها تعتبر نوعاً من الربط.

س – هل هذا التحور إلى إجرائها عن طريق المنظار البطني. لصالح المريض أم الجرّاح؟

ج – في الواقع هو لصالح الاثنين معاً من ناحية تسهيل العملية وألمها ومضاعفاتها والبقاء في المستشفى.

س – كأنك تلمح إلى أن لها عيباً بالرغم من هذه الحسنات؟

ج – ترددت قليلا لأنه إن كان لهاذ التغير عيب فهو التكلفة ولكن استدرك فأقول أن هذه التكلفة لا يمكن تعميمها على جميع الطرق التي تجرى بها العملية وهي كثيرة بالإضافة إلى التوفير التي تسببه ولو بطريقة غير مرئية وهي في سرعة الخروج من المستشفى والرجوع إلى العمل وقلة الألم وهذه الأمور وإن كان تقديرها صعباً إلا أنها ذات قيمة كبيرة.

س – هل هذه كل عيوبها؟

ج – هناك طبعاً ما يتعلق بالمنظار وقد سبق ان تحدثنا عنه في موضوع آخر.

س – لم تحدثني حتى الآن عن طريقة الربط فكيف هي؟

ج – طريقة الربط تختلف من جرّاح إلى جرّاح فالبعض يحب استخدام جهاز مخصص للربط يربط به الجزء الأول (الأعلى) من المعدة حتى يتكون جيب يتحكم الجرّاح في حجمه وكذلك في مساحة الفتحة بينه وبين بقية المعدة.والبعض الآخر يفضل استخدام ما يشبه الحزام الذي يحزم به الجزء الأعلى من المعدة ويتحكم به في حجم الجيب ومساحة الفتحة.

س – أيهما أفضل؟

ج – الأول أكثر كلفة إلا أنه يمكن التحكم في الفتحة حتى بعد العملية عن طريق خزان صغير تحت الجلد يمكن بواسطته توسيع أو تضيق الفتحة.

س – ولكن هل هذه العمليات مفيدة في تنقيص الوزن؟

ج – نعم ولكن بشروط.

س – وما هي؟

ج – ألا تُعمل إلا فيمن يحتاجها فعلاً وأن يلتزم المريض بتعليمات الطبيب في نظام الأكل.

س – وكم يتوقع المرء أن يفقد من وزنه بعد العملية إذا التزم بتعليمات الطبيب.

ج – من الممكن أن يفقد ٥٠ % أو أكثر من وزنه.

س – إذاً هل يتوقع أن يصبح جسمه مثل لاعبي الكرة والرياضيين والمشاهير؟

ج – لا يا أخي أنا قلت أنه يفقد من وزنه هذه الكمية ولكن لا يعني أن جسمه سيصبح رشيقاً ومتماسكاً كالرياضيين.

س – وما الفرق؟

ج – سرعة نقص الوزن خلال شهور أو سنة، ونحن نتكلم عن فقد ٢٠٠ كيلو أو أكثر في بعض الأحيان لا تؤدي إلى رشاقة وتماسك الجسم لأن الجلد لا يعود إلى وضعه الطبيعي فهو كاللباس الذي فصل على حجمك الأول فإذا ألبسته لهذا الشخص الجديد (ناقص الوزن) فإنه يبدو كبيراً عليه أو بمعنى آخر يزيد الجلد عن حاجة الجسم فيظهر بشكل مترهل.

س – وما الحل إذاً؟

ج – يحتاج هؤلاء الناس إلى بعض عمليات التجميل لإزالة الجلد الزائد في كثير من الأحيان.

الغدة الدرقية
The Thyroid Gland

س– أرى أن لبعض الناس انتفاخ غير طبيعي في الرقبة فما هو؟

ج – هناك عدة أسباب لإنتفاخات الرقبة ولكن أكثرها انتشاراً هي تلك المتعلقة بالغدد اللمفاوية أو المتعلقة بالغدة الدرقية فأيهما تعني؟

س – نعم نعم هي الغدة الدرقية التي أعنيها فما هي المشاكل المتعلقة بها؟

ج – المشاكل أو اضطرابات الغدة الدرقية قد تأخذ صوراً متعددة فمنها ما يتعلق بالوظيفة ومنها ما يتعلق بالحجم ومنها ما يكون على شكل كتلة في الغدة وقد يعاني المرء من أكثر من واحدة من هذه المشاكل في آن واحد.

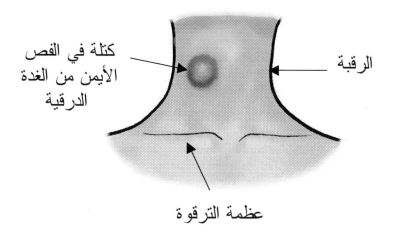

كتلة في الفص الأيمن من الغدة الدرقية

الرقبة

عظمة الترقوة

س –ألا تصيب الغدة الدرقية إلتهابات كما يصيب غيرها من أنسجة الجسم؟

ج – نعم قد يصيب الغدة إلتهابات إلا أن تلك الإلتهابات الجرثومية التي تعنيها نادرة الحدوث في الغدة الدرقية ولكن قد تصاب الغدة بإلتهاب ذاتي.

س – ماذا تعني بالإلتهاب الذاتي؟

ج – أعني أن الجسم يكوّن مضادات تحارب الغدة.

س – وما العلاج في هذه الحالات؟ هل يحتاج المرء إلى عملية جراحية؟

ج – لا. في الغالب لا يحتاج إلى عملية جراحية لأن الإلتهاب سرعان ما ينتهي ذاتياً.

س – هكذا وبدون أضرار تتبعه؟

يبدو أنك قرأت شيئا عن الغدة الدرقية. سؤالك يدل على أنك على دراية بأن الغدة في هذه الحالات غالباً ما تنتهي بقلة إفراز للهرمون الثايروكسين (Thyroxine) فيحتاج المريض في هذه الحالات إلى أخذ حاجته عن طريق حبوب.

س – قبل أن تتوجه إلى اضطرابات الغدة التي تحتاج إلى جراحة. ما هي الحالات الأخرى التي تعالج بطرق غير جراحية؟

ج – حالات قلة الإفراز إذا لم تكن مصحوبة بتضخم مشوه. وكذلك حالات زيادة الإفراز التي لا تستجيب للعلاجات غير الجراحية. أما الأولى نعالجها بالـ Thyroxine وأما الثانية فتعالج بمضادات الغدة على شكل أدوية أو علاج إشعاعي.

س – هل هذه العلاجات الغير جراحية ناجحة أم أن الإنسان في النهاية يحتاج إلى جراحة؟

ج – أما علاجات نقص الإفراز فغالباً ناجحة دون أي تدخل جراحي وأما بالنسبة لزيادة الإفراز فعلاجها ناجح في كثير من الأوقات ولكن في بعض الأوقات بعد توقف العلاج سرعان ما تعود الغدة إلى نشاطها فيزيد إفرازها ويحتاج المرء إلى إعادة علاجه.

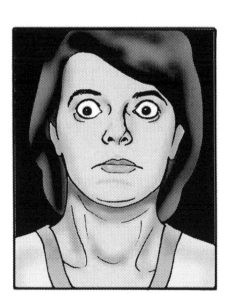

جحوظ العينين عند من يعاني زيادة
افراز الغدة الدرقية

س – وبالنسبة للعلاج الإشعاعي؟

ج – كثير من المرضى يتخوف منه لأضراره المحتملة والتي قد تكون بعيدة المدى.

س – وهل هذه المخاوف في محلها؟

ج – في القديم كانت تستخدم جرعات عالية وتتسبب في حدوث بعض سرطانات الرقبة مثل الغدد اللمفاوية أو في الغدة الدرقية نفسها ولكن الجرعات المستخدمة الآن أقل من أن تحدث هذه الأضرار.

س – إذاً فما العيب فيها؟

ج – عيبها أن الجرعة تختلف من شخص لآخر فقد تكون غير كافية فلا تسيطر على الوضع وقد تكون عالية فتحرق الغدة كاملة فيتحول المرء من زائد الإفراز إلى ناقص الإفراز ويحتاج في نهاية الأمر إلى أخذ حبوب الـ Thyroxine بعد أن كان يفرزها بكثرة.

س – وما الحل الجراحي بالنسبة لهذه المشكلة؟ أعني مشكلة زيادة الإفراز؟

ج – حلها الجراحي واضح وهو استئصال الغدة أو أغلبها.

س – متى تستأصل كلها ومتى يستأصل أغلبها؟

ج – هذا يعتمد على الجرّاح أو على المفاهمة بين الجرّاح والمريض وفي بعض الحالات يعتمد على نوعية المريض.

س – مــــاذا تعنــي؟ أرجــــو أن تفصـــل فــــي هـــذه النقطــــة.

ج – بالنسبة للجرّاح، أعني أن هناك بعض الجرّاحين لا يفضل إلا استئصال الغدة كاملة وبعضهم لا يفضل ألا أن يبقي جزءاً منها.

وأما المفاهمة بين المريض والجرّاح فذلك بعد شرح الطريقتين للمريض يقوم الجرّاح بتخيير المريض بينهما مع شرح إيجابيات وسلبيات كل منهما. وأما بالنسبة لنوعية المريض فأعني بذلك أن بعض المرضى يستطيع أن يأخذ حبة كل يوم والبعض الآخر لا يمكن أن يعتمد عليه في ذلك.

س – ذكرت كلمة إيجابيات وسلبيات كل من الطريقتين فما هو؟

ج – هذا يشبه حرق الغدة بالمواد المشعة إلى حد ما. فبإمكان الجرّاح ان يستأصل الغدة كاملة فيحتاج المريض إلى أخذ حبة Thyroxine يومياً مدى الحياة هذه هي سلبيات هذه الطريقة وأما إيجابياتها فهي أن المريض لا يتوقع رجوع المرض. أي لا يتوقع زيادة الإفراز بأي حال من الأحوال لأنه لا توجد غدة باقية. وأما إذا أبقى الجرّاح جزءاً من الغدة قاصداً أن تغني المريض عن حاجته من الـThyroxine فقد يصيب ويكون ما أبقاه كافيا فلا يحتاج المريض إلى حبوب الـ Thyroxine وإما أن يبقى جزءاً صغيراً لا يكفي لحاجة المريض فيحتاج المريض إلى حبوب Thyroxine وإما أن يبقى جزءاً أكبر من حاجة المريض فتبقى المشكلة كما هي لم تحل.

س – بالنسبة لنقص الإفراز هل للجرّاح دور في حل هذه المشكلة؟

ج – هذه مشكلة يقوم بعلاجها في الغالب أخصائي الغدد (الباطني) ولا تصل إلى الجرّاح إلا إذا كانت مصحوبة بتضخم مشوه أو مسببة لضغط على المريء أو مجرى النفس وكل هذه الحالات نادرة.

س – وماذا عن الحالات التي تحتاج إلى جراحة؟

ج – تكلمنا عن حالات زيادة الإفراز والتي لا تستجيب للعلاجات غير الجراحية. وبقي علينا أن نتكلم عن حالتين وهما الكتلة في الغدة الدرقية والتضخم متعدد النتوءات.

س – حسن. لنبدأ بالكتلة في الغدة الدرقية. ما هي؟

ج – هذه تسمى بالكتلة الدرقية الفريدة وهي إما أن تكون صلبة أو كيسية وهي عبارة عن نتوء أو تضخم يظهر في جانب من الغدة الأيمن أو الأيسر يكون في الغالب ظاهر للناظر إلى المريض ويمكن لمسها في هذه الحالة بسهولة.

س – وكيف يتصرف الجرّاح حيال مثل هذه الكتل الفريدة؟

ج – أولاً يجب على الجرّاح أن يتأكد من حجمها ومحتواها(صلبة أو سائلة) وكذلك يجب التأكد من أنها بالفعل فريدة ولا يوجد عدة كتل وكذلك إذا كانت تفرز هورموناً أم لا.

س – وكيف يفعل ذلك؟

ج – طبعاً يبدأ بالتاريخ المرضي والفحص ثم بالتحاليل ومنها تحليل هورمونات الغدة الدرقية لمعرفة إذا كانت الغدة أو الكتلة تفرز أكثر من الطبيعي أو لا. ثم، بعد ذلك يحتاج المريض إلى أشعة صوتية أو نووية.

س – وهل يحتاج المريض إلى أشعة صوتية وأشعة نووية أم أن إحداها تغني عن الأخرى؟

ج – هما مختلفان قليلا فكل منهما يعطي الجرّاح معلومات تفيده. فالأشعة الصوتية أقل كلفة وأقل ضررا وكذلك هي متوفرة في أغلب المراكز الصحية وفائدتها بالدرجة الأولى معرفة عدد الكتل وحجمها وكذلك إن كانت الكتل صلبة أو بها سائل. أما بالنسبة للأشعة النووية فأكبر فائدة منها هي معرفة إذا كانت الكتلة حارة أو باردة، أ و بعنىً آخر، تفرز هرموناً أكثر أو أقل من بقية الغدة المحيطة بها.

س – ولكنك لم تجبني. هل يحتاج الجرّاح إلى الاثنين معاً أم أن واحدة تكفي؟

ج – في أغلب الأحيان واحدة تغني عن الأخرى ولكن قد يحتاج الجرّاح في بعض الحالات إلى طلب الفحصيين معاً.

س – وماذا يستفيد الجرّاح من معرفة أن هذه الكتلة عبارة عن كيس فيه سائل أو أنها صلبة؟

ج – إذا كانت الكتلة بها سائل فمن الممكن أن يكون كل ما يحتاج إليه المريض هو سحب ذلك السائل بالإبرة في العيادة. فلا يحتاج المريض إلى عملية جراحية علماً بأنه قد يحتاج في بعض الأحيان إلى تكرار عملية السحب مرة أو مرتين أما إذا عادت بعد ذلك فإنها تحتاج إلى عملية.

س – كأنك تشير إلى أن الكتل الصلبة غير السائلة تحتاج إلى استئصال فهل هي كلها سرطانية؟

ج – لا ليست كلها سرطانية ولكن لا يمكن التأكد من نوعيتها بدقة إلا بالاستئصال الكامل وفحصها مجهرياً.

س – في الحالات التي تحتاج إلى استئصال جراحي،مثلاً في حالات الكتل الصلبة ، هل تستأصل الكتلة فقط؟

ج – لا يقوم الجرّاح في هذه الحالات باستئصال الكتلة فقط بل يقوم باستئصال جزء من الغدة وهذا الجزء إما أن يكون الفص كاملاً (أي الفص الذي يحتوي على هذه الكتلة) Hemithyroidectomy or lobectomy وهذا يعتبر استئصال نصف الغدة حيث أن الغدة الدرقية مكونة من فصين والمنطقة المتوسطة (isthmus) أو يستأصل المنطقة المتوسطة مع الفص الذي به الكتلة lobectomy and lsthmusectomy . أو يقوم باستئصال الغدة كاملة Total thyroidectomy. ومن الجرّاحين من يفضل عدم استئصال الغدة كاملة فيبقي شيئاً من الغدة إما من جهة واحدة أو من الجهتين Subtotal thyroidectomy.

س – وما سبب هذا التباين بين الجراحين في الكمية المستأصلة؟

ج – هناك عدة أسباب لا يمكن الخوض فيها الآن لأن الأسباب متباينة ولها علاقة بالجرّاح وخبرته وكذلك بنوعية المريض كما ذكرنا سابقاً. هل يُعتمد عليه في أخذ جرعته أو لا. وكذلك أسباب تتعلق بعدد وحجم الكتلة أو الكتل الموجودة وكذلك إلى كونها سرطانية أو حميدة.

س – وهل للجرّاح أن يعرف إن كانت سرطانية أو لا قبل حصوله على نتيجة الفحص المخبري والذي كنت أظن أنه يأخذ ٤–٥ أيام على الأقل بعد العملية؟

ج – هناك علامات ترجح كون الكتلة سرطانية و يستخلصها الجرّاح من المريض على مراحل:– فبدءاً بالتاريخ المرضي ثم الفحص السريري ثم الأشعة النووية ثم عينة الإبرة ثم العينة المستأصلة وقت العملية للنتيجة الفورية Frozen Section وأخيراً المقاطع النهائية الثابتة Permanent section.

س – هل تقصد أن الجرّاح قد يرسل عينة وقت العملية لمختبر لفحصها؟

ج – نعم.

س – والمريض يبقى تحت تأثير المخدر؟

ج – نعم.

س –اشرح لي هذه العملية. جزاك الله خيراً.

ج – يقوم الجراح باستئصال الفص الذي به الكتلة ويرسله للمختبر ويبقى المريض تحت التخدير العام حتى تأتي النتيجة. يقوم طبيب الأنسجة بالتجميد الفوري للعينة ثم عمل شرائح منها وفحصها ثم إخبار الجرّاح بالنتيجة والذي بدوره يتخذ قرار إنهاء العملية أو استئصال الفص الآخر.

س – يبدو أن هذه العملية تستغرق وقتاً طويلاً. ألا يؤثر ذلك على المريض؟

ج – هذه العملية في العادة تستغرق ما بين ٣٠-٤٥ دقيقة من وقت استئصال العينة إلى إرسالها إلى تجميدها إلى عمل شرائح منها إلى قراءتها ومن ثم أخبار الجرّاح هاتفياً بالنتيجة وهذه المدة لا تؤثر على المريض بدرجة كبيرة. لا سيما أنها قد توفر عليه عملية أخرى.

س – يبدو لي أن هذه عملية رائعة. أعني النتيجة الفورية. فلماذا لا تستخدم دائماً ولماذا الانتظار مدة ٤-٥ أيام حتى تأتي النتيجة مع أن الأمر لا يقتضي ساعة واحدة؟

ج – هذه العملية وإن كانت تبدو رائعة إلا أنها متعبة بالنسبة لطبيب الانسجة نفسياً أكثر من تعبها الجسمي. فطبيب الأنسجة لا يأخذ راحته في عمل عدة عينات بعدة صبغات والنظر بالتمعن اللازم والمتوفر لديه خلال الـ ٤-٥ أيام. بالإضافة إلى أن طبيب الأنسجة قد يحتاج إلى أن يشاور بعض زملائه في بعض العينات الغير واضحة أو عمل صبغات نادرة لها. كل هذا يجعل هذه العينة لا تسمو بدقتها إلى دقة العينة الثابتة ولذلك يكون القول الفصل دائماً للعينة الثابتة والتقرير النهائي، حتى وإن كانت هناك عينة سريعة مخالفة في نتيجتها للعينة النهائية الثابتة.

س – لنفرض أن كل شئ يشير إلى أن الكتلة حميدة أعني قبل العملية وقام الجرّاح باستئصال الفص المعني وإرساله للعينة السريعة وكان حميداً فماذا يفعل؟

ج – في هذه الحالة لا يزيد على استئصال الفص المعني ولا يحتاج المريض إلى أي إجراء آخر.

س – أرأيت إن جاءت العينة النهائية (الثانية) مبينة أن الورم سرطاني فما العمل؟

ج – هنا يحتاج المريض إلى عملية أخرى لاستئصال الفص الآخر (أي بقية الغدة) والتأكد من عدم وجود غدد لمفاوية في المنطقة.

س – فإن كانت نتيجة العينة السريعة تدل على وجود سرطان فماذا يفعل؟

ج – يقوم باستئصال بقية الغدة في العملية نفسها.

س – وهل يحتاج إلى علاجات أخرى؟ أقصد بالنسبة لحالات سرطان الغدة؟

ج – أولاً أبشرك بأن سرطانات الغدة الدرقية تعتبر من أقل السرطانات خبثاً فهي لا تنتشر ألا نادراً ويعتبر علاجها بالجراحة شبه شفاء تام حيث أن المريض بخلاف السرطانات الأخرى يعيش سنوات بل عشرات السنوات بعد اكتشافها وغالباً يكون سبب الوفاة مرض آخر وليس سرطان الغدة. وفي الغالب بعد الاستئصال الكامل يحتاج المريض فقط إلى متابعة وإذا ظهرت أي معاودة للسرطان فإنها تعالج باليود المشع الذي يقتل تلك الخلايا السرطانية.

س – هذا بالنسبة للغدة التي بها كتلة. ولكن كيف يتعامل الطبيب مع الغدة متعددة النتوءات؟

ج – إذا كان حجم الغدة الكلي ليس ضخماً فمن الممكن معالجتها باليود إن كان سببها نقص اليـــود أو بالــ Thyroxine إن كـان الســبب زيـادة الهرمـون المنشـط للغـدة الدرقيـة Thyroid Stimulating Hormone وكثير من هذه الحالات تستجيب لهذا النوع من العـلاج اللاجراحي أما إذا كانت الغدة ضخمة ولا سيما إن كانت ضاغطة على مجرى النفس او مضايقة في عمليـة البلـع أو أن كبرها مشوه فإنها تحتاج علـى استئصال وغالبيـة الجراحيـة يفضلون الاستئصال غير الكامل Subtotal Thyriodectomy في هذه الحالات.

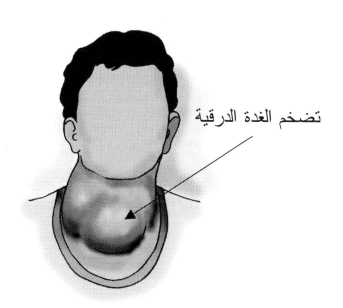

تضخم الغدة الدرقية

س – **هل تحتاج الحالات الحميدة إلى متابعة كذلك؟**

ج – نعم. وذلك للتأكد من أن الورم وإن كان حميداً لم يرجع وكذلك للتأكد من أن الجرعة من الـ Thyroxine مناسبة. وإن لم يعط المريض Thyroxine فيجب التأكد من أنه لا زال في غنى عنها.

س – **من يحتاج إلى جرعة الـ Thyroxine بعد العملية؟**

ج – يحتاج أليها كل من كانت عمليته لسرطان وكذلك كل من أجريت له عملية استئصال كامل للغدة.

س – **ولم الحاجة إليها في هاتين الفئتين؟**

ج – بالنسبة لمن استئصلت غدته كاملة يحتاج إليها طبعاً كتعويض عن إفرازات الغدة المستأصلة. أما بالنسبة لسرطانات الغدة فإنه قد وجد أنها تنشط بالهرمون المنشط للغدة Thyroid Stimulating Hormone وهذه الحبوب التي تعطى بالإضافة إلى أنها تعوض الجسم عن حاجته من الـ Thyroxine فإن الـ Thyroxine يطفي الهرمون المنشط ويبطل مفعوله وبذلك يقلل من نسبة معاودة السرطان.

الجراحة بالمنظار البطني

Laparoscopic Surgery

س – ما هي جراحة المناظير؟ ومتى بدأ العمل بها؟

ج – جراحة المناظير بمفهومها المعروف الآن أو بمعنى آخر المستخدمة في جراحات البطن بدأت في بداية الثمانينيات بمحاولات مبعثرة (وإن كان بعضها ناجحاً) في مجال الفتوق (البعوج) أو الزائدة الدودية. لكنها لم تنطلق انطلاقتها الواسعة إلا بعد أن قام الجرّاح Philipe Mouret الفرنسي في عام ١٩٨٧م بإجراء أول عملية استئصال للمرارة عن طريق المنظار البطني. فتعريف جراحة المناظير إذاً هي قيام الجرّاح بإجراء عملية بفتحات صغيرة مستعينا بالمنظار البطني.

س – ماذا تعني بانطلاقتها الواسعة ولماذا تعتبر هذه بدايتها مع أنها كانت موجودة قبل ذلك؟

ج – أعني بانطلاقتها الواسعة انتشارها انتشار النار في الهشيم.فبالرغم من وجود هذه الأجهزة (أعني أجهزة التنظير) عند كل من تخصصات الجهاز الهضمي والمسالك وأمراض النساء لعقدين أو ثلاثة من الزمن إلا أنها لم تتطور تطورها خلال السنة الأولي من استخدامها في الجراحة العامة. وهذا التطور يشمل ابتكار الأجهزة كما يشمل ابتكار طرق جديدة في استعمالها والاستفادة منها ولأضرب لك مثالا على ذلك أصف لك التطور الذي حدث في جراحة المرارة مثلا حيث أنها من أكثر العمليات التي يجريها الجرّاح العام. ففي عام ١٩٨٧م أجريت أول عملية استئصال للمرارة، وفي عام ١٩٩٢م أصبحت نسبة العمليات التي تجرى لاستئصال المرارة بالمنظار ٩٠% مقارنة ب١٠% فقط بالجراحة التقليدية (أي طريقة الفتح) وذلك كما ترى خلال فترة ٣–٤ سنوات فقط.

س – ما الفرق بين جراحة المناظير والجراحة التقليدية؟

ج – الفروق الأساسية بينهما تكمن في صغر الجرح وقلة التدخل الجراحي ولذا فهي تسمي ب- Minimally Invasive Surgery أو minimal Access Surgery وهذا الأسلوب الجديد في الجراحة يعتبر السبب الأساسي لتفضيلها على الجراحة التقليدية ونظرا للمحاسن التابعة لها.

س – وما هي هذه المحاسن؟

ج – صغر الجرح أو الفتحات الجراحية تؤدي إلى ألم أقل والى بقاء في المستشفى مدة أقصر وإلى مضاعفات للجروح أقل مثل التهاب الجرح والفتوق الثانوية في الجروح هذا بالإضافة طبعا إلى الشكل الأكثر جمالا (أو الأقل تشوها) مقارنة بالفتحات الكبيرة.

س – وما هي المخاطر التي قد تنجم عن تلك الجراحة؟

ج – هذه كذلك تعود بدورها إلى صغر الجروح بالإضافة طبعا الى طبيعة هذا النوع من الجراحة مثل الأدوات المستخدمة والعمل عن بعد إلى حد ما و العمل في جهة و النظر إلى جهة أخرى وكذلك عدم رؤية غير المكان الذي تتوجه إليه الكاميرا. ومن هذه المخاطر حدوث إصابات للأمعاء أو بعض الأوعية الدموية أثناء إدخال قنوات العمل.. وصعوبة الوصول إلى منطقة النزيف وكذلك احتمال إصابة القنوات المرارية أثناء العملية.

س – إذاً جراحة المناظير تحتاج إلى مهارات معينة وتدريب معين فكيف يتم ذلك؟ وهل يحتاج المرء إلى شهادة خاصة بذلك؟

ج – في بداية الأمر أي في أوائل العقد المنصرم عندما كانت جراحة المناظير في مهدها كان من الضروري اجتياز دورة تدريبية في هذا المجال وأخذ شهادة بذلك لأن التدريب على الجراحة العامة لا يعني أن الجرّاح تدرب على جراحة المناظير ولكن وبعد انتشارها ودخولها إلى أغلب المستشفيات وبالتالي إلى أغلب مراكز تدريب الجراحين صارت جزءاً لا يتجزأ من تدريب الجرّاح عدا طبعا المراكز التي ليس لديها جراحة مناظير وهي ولله الحمد قليلة ولذلك لا يحتاج المتدرب إلى شهادة خاصة ما دام أنه عمل أو يعمل في مركز لجراحة المناظير.

س – ما هي تلك المهارات التي يحتاج إليها الجرّاح والتي يكتسبها من هذا التدريب؟

ج – هي مهارات استخدام ملاقيط طويلة بدلا من العادية وكذلك مهارة العمل في حقل لا يراه مباشرة ولكن يراه على شاشة الرائي. كما يضاف إلى ما سبق ، وهو الأهم ، سرعة اتخاذ قرار فتح البطن عند اللزوم أو الاستمرار في محاولة إتمام العملية بالمنظار البطني.

س – ما هي النقلة التي أحدثتها جراحة المناظير في عالم الجراحة؟

ج – لا شك أن النقلة التي أحدثتها نقلة ضخمة وذلك في عدة مجالات وهي : المريض، الجرّاح، المستشفى، المجتمع وكذلك شركات صناعة الأجهزة الطبيّة وهؤلاء كلهم وبدون استثناء مستفيدون من هذه النقلة وهذا كله كما ذكرنا في وقت قياسي لم يصل بعد إلى عقد ونصف من الزمن.فمن ناحية المريض، الألم الذي يشعر به بعد العملية قليل والجرح الذي يشوه بطنه صغير وغيابه عن أهله وعن عمله قصير.

ومن ناحية الجرّاح، فلاشك أن العملية باتت أسهل من ذي قبل و أسرع. وبإمكان الجرّاح خدمة عدد أكبر من المرضى في وقت أقصر لأن بقاء المريض في المستشفي يكون فقط لمدة يوم أو يومين في الغالب بعد أن كانت ثلاثة إلى خمسة أيام.

والمستشفى كذلك مستفيد لنفس السبب السابق والمجتمع كذلك يستفيد لأن الخدمة صارت أسرع والغياب عن العمل أقل.

وأما بالنسبة لشركات صناعة الأجهزة الجراحية فيكفي أن أقول لك أن هناك عدة شركات قامت وانتعشت وزادت أسعار أسهمها على هذه صناعة وحدها.

س – هذا يقودنا إلى السؤال التالي وهو ما الجديد في جراحة المناظير على مستوى الأبحاث والدراسات؟

ج – على مستوى الأبحاث والدراسات أحدث شيء في عالم جراحة المناظير يعتبر استخدام الرجل الآلي في الجراحة Robotic Surgery أي أن المريض يخدر ويوصل بأجهزة الجراحة وبالرجل الآلي ثم يقوم الجرّاح بقيادة العملية عن طريق التوجيه اللفظي لهذا الرجل الآلي وقد يكون الجرّاح على بعد أمتار أو كيلومترات أو حتى آلاف الكيلومترات من المريض بل قد يكون المريض رجل فضاء في مركبته الفضائية والجرّاح على الأرض يتناول كوبا من القهوة أو فنجالا من الشاي وهو يوجه الرجل الآلي ولا يستبعد أن يتطور هذا الرجل الآلي وبرمجته حتى يريح الجرّاح حتى من هذا التوجيه اللفظي.

س – هل تناسب جراحة المناظير جميع أنواع العمليات الجراحية وبالتالي سيتم قريبا إلغاء العمل بالطريقة القديمة؟

ج – هي تناسب الكثير من أنواع العمليات الجراحية لا سيما التي تتعلق بالبطن ولا يحد ذلك التنوع إلا خيال الجرّاح وقدرة شركات الأجهزة على تلبية حاجات هذا الخيال. وأحب أن أشير إلى أن هذه الجراحة تستخدم في غير البطن مثل التجويف الصدري، الجمجمة، الأوعية الدموية وغيرها بل وحتى في الرقبة مما يدلك على ما سبق وأن قتله بأنه لا يحدّه سوى خيال الجرّاح ومحاولته لتصغير الفتحات الجراحية. ولكن مع ذلك لا يزال المنظار حتى الآن آلة أخرى في يد الجرّاح إضافة إلى الآلات والأدوات السابقة التي يستعين بها الجرّاح بعد الله في القيام بعملياته الجراحية.

والعمليات يمكن تقسيمها إلى أربع فئات :

أولا : التي تم بها استبدال الطريقة القديمة تماما مثل عمليات المرارة

ثانياً : التي تجرى بالمنظار وبغير المنظار مثل عمليات الفتق والزائدة الدودية.

ثالثاً : التي تعمل بالطريقة التقليدية ولكن بالاستعانة بالمنظار مثل بعض حالات استئصال الطحال وعمليات القولون.

رابعاً : التي لا يفيد فيها المنظار مثل الكيس الشحمي والجروح السطحية فهذه لا دور للمنظار فيها.

ويمكن أن يضاف إلى ما سبق فئة خامسة وهي التي يقوم الجراحون بمحاولة تكييف العملية وتجربتها حتى يتضح أو لا مدى إمكانية ملاءمتها للمنظار.

أهم مراجع الكتاب

1- Current Surgical Diagnosis and Treatment
   11th edition 2003, by Way and Doherty
   Lange series, Publisher : McGraw Hill

2- An introduction to the symptoms and signs of
   surgical diseases
   2nd edition 1991, by Norman Browse
   Publisher : Arnold

3- Principles of Surgery CD-ROM version 1.0 from
   Principles of Surgery 7th edition 2000, by:
     - Schwartz
     - Shires
     - Spencer
     - Daly
     - Fischer
     - Galloway
   Publisher : McGraw Hill

4- Scientific Amaerican Surgery CD-ROM, 1999
     Published in cooperation with The American
   College of Surgeons

فهرس المواضيع

___

المؤلف في سطور

- ولد الدكتور خالد بن رضا مرشد في المدينة المنورة في الثاني من شهر شعبان من عام ١٣٧٦ هجرية، الموافق للرابع من شهر مارس من عام ١٩٥٧ للميلاد.

- درس المرحلة الإبتدائية في الولايات المتحدة، في مدينة لوس أنجلوس حيث كان والده يحضر الماجستير في إدارة الأعمال.

- عاد الى الرياض في عام ١٣٨٨هجرية (١٩٦٨ م) ودرس فيها المرحلتين المتوسطة و الثانوية.

- في ما بين عامي ١٣٩٥ و١٣٩٧ هجرية (١٩٧٥و١٩٧٧ م) سافر الى مدينة مانشستر في بريطانية و حضر خلال تلك الفترة الـ G.C.E. "A" Level

- التحق بكلية الطب جامعة الملك سعود عام ١٣٩٧ هجرية (١٩٧٧ م) و تخرج منها عام ١٤٠٢ هجرية (١٩٨٢ م).

- تعين معيداً بقسم الجراحة بكلية الطب في جامعة الملك سعود عام ١٤٠٣ هجرية(١٩٨٣م)

- سافر الى مدينة هاملتن بكندا و تلقى تدريبه في الجراحة في جامعة McMaster بين عامي ١٤٠٤ و ١٤٠٩ هجرية (١٩٨٤ و ١٩٨٩ م)، و حصل على زمالة الكلية الملكية الكندية للجرّاحين عام ١٤٠٨ هجرية (١٩٨٨ م).

- عاد الى الرياض و تعين أستاذاً مساعداً في قسم الجراحة عام ١٤١٠ هجرية (١٩٩٠ م).

- تمت ترقيته الى أستاذ مشارك عام ١٤١٨ هجرية (١٩٩٨ م).

- تولى عدة مناصب إدارية في كلية الطب بجامعة الملك سعود، من أبرزها :-
  - ممثلاً لقسم الجراحة في لجنة المناهج.
  - عضواً في مجلس التعليم الطبي.
  - رئيساً لوحدة الجراحة العامة.
  - رئيساً لقسم التشريح.